应用型人才培养系列教材

产品模型制作与应用

主　编　杨熊炎　苏凤秀

副主编　唐　亮　莫红蕾　李丽凤

孙志伟　赵剑锋

西安电子科技大学出版社

内 容 简 介

本书分基础理论、流程与方法及实践三部分，共 8 章。基础理论部分包括 3 章，分别是第 1 章模型制作概述，第 2 章产品模型类型与材料，第 3 章模型制作常用工具、设备与使用；流程与方法部分包括 2 章，分别是第 4 章模型制作流程，第 5 章塑料模型制作方法；实践部分包括 3 章，分别是第 6 章生活用品模型制作实践，第 7 章交通工具模型制作实践，第 8 章 3D 打印模型制作实践。

本书定位于应用型技能型人才培养，突出应用性和实用性。书中内容按照学习认知规律编排，图文并茂、条理清晰，易于阅读、便于使用。

本书适合作为应用型高等院校工业设计、产品设计、产品造型艺术设计等专业的教材，还可供相关教学工作者、3D 设计与 3D 打印爱好者参考。

图书在版编目（CIP）数据

产品模型制作与应用 / 杨熊炎，苏凤秀主编. —西安：西安电子科技大学出版社，2018.11
ISBN 978-7-5606-5116-3

Ⅰ. ① 产…　Ⅱ. ① 杨…　② 苏…　Ⅲ. ① 产品模型—制作　Ⅳ. ① TB476

中国版本图书馆 CIP 数据核字(2018)第 255691 号

策划编辑　陈　婷
责任编辑　王静远　雷鸿俊
出版发行　西安电子科技大学出版社(西安市太白南路 2 号)
电　　话　(029)88242885　88201467　　邮　　编　710071
网　　址　www.xduph.com　　　　电子邮箱　xdupfxb001@163.com
经　　销　新华书店
印刷单位　陕西日报社
版　　次　2018 年 11 月第 1 版　　2018 年 11 月第 1 次印刷
开　　本　787 毫米×1092 毫米　1/16　印　张　12.25
字　　数　286 千字
印　　数　1～3000 册
定　　价　28.00 元
ISBN　978-7-5606-5116-3 / TB

XDUP　5418001-1
如有印装问题可调换
本社图书封面为激光防伪覆膜，谨防盗版。

前　言

　　模型制作是产品设计、工业设计类专业的必修课程，本书根据产品设计的实际应用需求，将产品概念方案实物化，对方案进行验证，将基础理论、流程与方法、实践衔接，以多种类型产品模型制作为案例，讲解多种材料和多种制作方法在模型制作中的综合应用。

　　科学性：本书内容按照学习认知规律编排，注重基础、方法、实践的衔接。根据实训课程的教学特点，以项目教学为主体，以解决问题为思路，从模型制作流程分析，使学生逐步理清制作模型的流程和方法。书中对模型制作类别和案例进行了仔细甄选，摒弃了一些已经不适合现代产品模型制作教学的类别和方法，列举了编者多年来在教学过程中积累的详细的模型制作实例，对比讲述了不同类别模型制作的方法和特点，图文并茂、条理清晰，且易于阅读、便于使用。

　　创新点：本书定位于应用技能型人才培养，实用性强，详述多种材料在模型制作中的综合应用及多种模型制作方法，案例制作过程详细明确，加入了 3D 打印模型制作内容，与时俱进。

　　学术价值：本书在模型制作的过程中详述了设计制图、3D 建模软件、产品造型基础、设备操作等内容，衔接后续的产品设计专题课程，表现出了产品模型的真实质感。

　　本书由桂林电子科技大学杨熊炎、广西大学行健文理学院苏凤秀担任主编，广西师范大学唐亮，广西科技大学鹿山学院莫红蕾，桂林电子科技大学李丽凤、赵剑锋以及桂林理工大学孙志伟担任副主编。

　　本书可作为应用型高等院校工业设计、产品设计、产品造型艺术设计等专业的教材，还可供相关教学工作者、3D 设计与 3D 打印爱好者参考。本书应用性较强，涉及多个软件配合和多种材料搭配，知识点较多，各院校在安排教学时可根据需要进行取舍。

　　由于时间仓促，加之编者水平有限，书中不足之处在所难免，恳请广大读者予以批评指正。

编　者

2018 年 8 月

目　录

第一部分　基 础 理 论

第二部分 流程与方法

第三部分 实　践

第一部分

基础理论

第 1 章 模型制作概述

【学习目标】

通过本章的学习，了解模型制作的特点和原则，并能对所设计、制作的模型作出正确的审美判断和审美评价，以帮助学生建立系统的产品模型制作知识体系，了解、掌握和运用各种常用模型材料特性，并学会模型制作的基本方法。

【内容提要】

(1) 产品模型概念；
(2) 产品模型制作三大原则；
(3) 模型制作特点。

【重点、难点】

重点：产品模型制作三大原则的理解与应用。
难点：产品模型制作三大原则的应用。

模型制作是工业设计专业学生必修的实训课程。该课程注重学生实际动手能力的培养。本章系统介绍模型制作的相关背景理论知识，以帮助学生了解模型制作的相关概念、意义、原则，为后续开展模型制作实践打下良好的理论基础。产品设计中的模型往往需要多种材料来制作，制作过程中往往需要反复实验论证，所以产品设计中的模型制作具有不同于其他领域模型制作的显著特点。本书后面讲述的内容主要针对工业设计/产品设计专业课程中的模型制作，并详细讲解各种产品的模型制作方法与过程。

1.1 产品模型及模型制作的概念

产品模型制作是产品设计过程中的重要环节，也是产品造型设计的需要，产品模型为产品的纸面设计和产品的立体造型搭起连接的桥梁，为产品造型设计提供了一种重要的设计表现手法。

产品模型制作过程是产品设计从平面到立体的过程，以立体的形态表达特定的创意，运用木材、石膏、塑料、玻璃钢等材料，采用合适的结构以及相应的工艺，以三维实体的形体、线条、体量、材质、色彩等元素表现设计思想，使设计思想转化为可视的、可触的、接近真实形态的产品设计方案。模型制作同时也是产品设计过程中不可缺少的分析、评价手段。产品模型是可视的实体，可以用于进行评估与反复推敲，因此模型制作也是优化设计的过程。

1.2 模型制作原则

模型制作应注重制作的效果，同时也要遵循一定的原则。

1.2.1 准确再现设计效果原则

模型制作的目的是帮助设计师推敲设计形态、展示与交流设计理念、验证设计成果，模型应该准确地再现设计效果，这是模型制作的基本前提和要求。

1. 注重真实感、突出设计细节

模型制作最重要的目的，是要使设计的形态形象化、实体可视化。模型外观的真实性取决于多个因素，主要影响因素有模型的质地、不同材料的选择以及时间与精力的投入。质地方面，一个表现性模型，要比一个用于设计过程研究所用的研讨性模型需要更高的真实性。材料方面，木材、金属和塑料的质地能给模型相当高的真实性，如果要用泡沫塑料来塑造一个真实度很高的细节几乎是不可能的。真实感强、细节完美、形态表现细腻、质地逼真、外观整体优美是产品模型制作的要求。如图 1-1 所示的咖啡机与无人机模型就在表面质感上真实感较好，表现性较佳(可用手机扫右侧二维码看彩图。后同)。

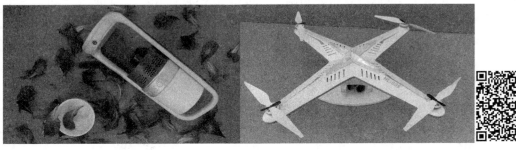

图 1-1　真实感模型

2. 选择合适的模型制作比例

模型材料和模型比例之间的选择有着密切的关系。如纸材对于制作大型的模型并不适合，泡沫塑料适合塑造大型产品的形态，塑料则适合于制作各种比例的表现性模型。选择某一种比例制作模型时，设计师必须权衡各种要素，包括对周期、细节、最终效果等多方面的要求。如果条件允许，模型制作应采取 1∶1 的比例，即与实际尺寸相符的比例。产品模型制作应根据具体的产品种类、尺寸与所要表达的效果，谨慎地选择一种省时又能保留重要细节的模型比例，这个比例能反映模型整体效果，又可以适当地表现设计细节。如图 1-2 所示的帆船的细节和比例表现到位，帆船模型质感表现性和展示性较佳。

图 1-2　帆船的细节和比例质感

1.2.2　合理性原则

　　模型制作是产品设计的一个重要组成部分。为了较好地起到推敲、展示、交流、验证的作用，就要求模型在较为真实的同时，还要注重制作思路与方法的合理性，这就需要分析产品形态、结构、材料构成等要素，分解产品制作模块，选用合理的制作材料与加工方法。

1. 分解产品模型制作模块

　　在模型制作的过程中，应首先分析产品的形态和结构之间的关系，适当将一些不同形态的大体块部分进行拆解，分成不同的模块来制作，最后再进行拼装。在模型制作过程中将一些形态、转折关系的面或者体块分别制作，可以避免材料的浪费，同时方便加工与操作、提高效率。例如，将咖啡机分成机身、顶盖、把手等几个部分分别制作，最后再进行组合。如图 1-3 所示为咖啡机分模块制作效果。

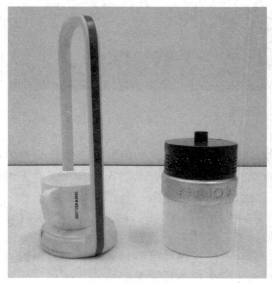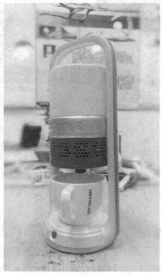

图 1-3　咖啡机分模块制作效果

2．选择合理的材料与加工方法

模型制作需要一定的经验积累，选择合适的材料、合理的加工方法可以事半功倍地得到理想的模型效果。相反，如果没有一定的模型制作知识往往会使得模型制作的效果大打折扣。

3．借用已有物品的形状、肌理、质感

在展示模型制作的过程中一般不必拘泥于亲自动手制作模型的各个细节部分，完全可以利用一些现有的物品。例如，要制作一个豆浆机，而这个豆浆机的桶身是一个直的正圆柱形，那么我们可以去五金店寻找尺寸适当的塑料水管材料，然后截取其中一段作为豆浆机的桶身，接着制作豆浆机的其他部分，最后经过组装、喷漆等工艺。这样的过程避免了自己动手去用 ABS(塑料)板制作一个圆筒，既节省时间又可省下制作过程中因制作不成功而浪费的材料。

1.2.3 成本适度原则

产品模型制作需要大量人力、物力投入，就需要根据实际情况、模型材料、加工方法进行成本控制，做到投入有限成本而产生最大化的价值。

1．选择合适的加工方式

一般研究性模型可以采用泡沫材料，其易于加工，成本低廉。对于曲面形态，油泥材料是不错的选择，而且油泥可以回收反复利用，大大降低成本。用于展示设计效果的表现性模型，可以通过手工制作，只需购买材料，配合一定的工具，制作成本也比较低廉，但需要投入大量时间。随着各种先进的数字化加工技术的兴起，很多表现性模型的制作可以通过机器来加工，这种通过 CNC 或其他机器加工的模型精度非常高，模型表现效果也更加精美，但加工费会比较高。在选择模型制作的方法时应进行比较分析，选择合适的加工方式，在保证模型效果的基础上控制成本。

2．优化模型制作工序与方法

优化模型制作工序与制作方法可以提升制作效率和降低制作成本。例如一个看上去是实心的较大体积的方块体，如果用 ABS 板材堆叠、黏结起来，既浪费材料，模型也非常笨重，如果用 ABS 板进行拼接，制作成有一定壁厚的空心方体，既可以节省大量材料，同时也可省去一层层板材堆叠黏结的麻烦。因此模型制作过程中应该综合考虑模型的效果与目的，优化模型制作工序。

1.3 产品模型制作的特点

制作模型的目的是设计师将设计的构想与意图融合美学、工艺学、人机工程学、哲学、科技等学科知识，凭借对各种材料的驾驭，用以传达设计理念、塑造出具有三维空间的形体，从而以三维形体的实物来表现设计构想，并以一定的加工工艺及手段来实现设计的具体形象化的设计过程。产品模型制作具有以下特点。

1) 说明性

说明设计意图是模型的基本功能。在现实中，虚拟的图形、平面的图形与真实的立体实物之间的差别是很大的。例如，一个产品设计效果图，各部分比例在视觉看上去都较为合适，做成立体实物后就有可能会显示出与设计创意的初衷的比例不符。形成这些差别的原因是人们从平面到立体之间的错觉造成的。无论是手绘的产品效果图，还是用计算机绘制的效果图，都不可能全面反映出产品的真实面貌。因为它们都是以二维的平面形式来反映三维的立体内容。通过模型制作能弥补上述不足。模型能真实地再现出设计师的设计构想，因此模型制作是产品设计过程中一个十分重要的阶段。模型制作提供了一种实体的设计语言，使消费者能与设计师产生共鸣，模型制作是设计师与消费者沟通的有效途径。模型制作作为产品设计过程的一个重要环节，使整个产品开发设计程序的各阶段能有机地联系在一起。模型制作可作为产品在大批量生产之前的原型，成为试探市场、反馈需求信息的有效手段，在缩短开发周期、减少投资成本方面起着不可低估的作用。

2) 启发性

产品模型以真实的形态、合适的尺寸与比例来达到推敲设计和启发新构想的目的，成为设计人员不断改进设计的有力依据。以三维的形体来表现设计意图与形态，是模型的基本功能。模型是产品设计创意的物质载体，在设计过程中的模型制作，不能与机械制造中铸造成型用的木模或模具工艺相混淆。模型制作的功能并不是单纯的外观、结构造型。模型制作的实质是体现一种设计创造的理念、方法和步骤，是一种综合的创造性活动，是新产品开发过程中不可缺少的环节。

3) 可触性

产品模型以合理的人机工学参数为基础，探求感官的回馈、反应，进而求取合理化的形态。模型制作过程是设计师将构想以形体、色彩、尺寸、材质进行具象化的整合过程，不断地表达着设计师对设计创意的体验，并与工程技术人员进行交流、研讨、评估，为进一步调整、修改和完善设计方案、检验设计方案的合理性提供有效的实物参照，也为制作产品样机和产品准备投入试生产提供充分的、行之有效的实物依据。

4) 表现性

产品模型以具体的一维的实体、翔实的尺寸和比例、真实的色彩和材质，从视觉、触觉上充分满足形体的形态表达、反映形体与环境关系，使人感受到产品的真实性，从而使设计师与消费者之间在对产品意义的理解上得到更好的沟通。在设计的过程中，模型制作提供给设计师想象、创作的空间，具有真实的色彩与可度量的尺度、立体的形态表现，与设计过程中二维平面对形态的描绘相比，能够提供更精确、更直观的感受，是设计过程中对方案进行探讨、推敲、评估的行之有效的方法。

实践证明，在模型制作课程中，通过引入一个完整的课题设计与制作，即从设计定案到最后模型完成过程的授课方式，对培养学生的形态分析能力帮助很大。当然对于工业设计学生，无论使用哪种材料制作模型，模型制作实验都能有效地帮助学生分析和掌握产品的功能与特性，启发学生的设计灵感，开拓设计思维。

第2章　产品模型类型与材料

【学习目标】

通过本章的学习，了解不同用途模型、不同材料模型特点；并根据实际需要选用合理的材料进行模型制作实践，具有能查阅和利用各种常用手册、工具书、设计参考资料的能力。

【内容提要】

(1) 按照产品模型用途分类；
(2) 按照产品模型比例分类；
(3) 按照产品模型材料分类。

【重点、难点】

重点：产品模型制作用途分类中不同用途模型、不同材料模型特点对比。
难点：表现性模型特点，制作产品模型的材料与工艺的选择。

产品模型是表达设计创意的工具，为产品的纸面设计和产品的立体造型搭建一座桥梁，不同的材料、工具和加工方法表现不同效果的产品模型，满足不同的产品表现与制作需求。

2.1　按模型的用途分类

产品模型按照模型的用途可分为研究性模型、表现性模型、功能性模型和样机模型。四种类型模型的不同特点如表2-1所示。

表 2-1　四种类型模型特点对比

名　称	用　途	侧重点	精细程度	制作数量
研究性模型	方案构思、方案研讨	形态造型	粗略	多
表现性模型	方案展示、宣传、交流、评估	形态、色彩、质感等外观	精细	少
功能性模型	功能试验及模拟、功能操作演示、结构研究	功能和结构	一般	少
样机模型	综合检验设计，为投产做准备	外观、结构、功能缺一不可	最精细	少

2.1.1 研究性模型

研究性模型又叫草模，作为设计初期设计者自我研究、推敲和发展设计构思的手段，多用来研讨产品的基本形态、尺度、比例和体面关系，多采用易加工成型、易反复修改的材料制作，如石膏、纸板、泡沫等。研究性模型的主要功能是推敲产品的形态关系、大体比例、操作尺寸及基本的造型结构，因此应尽可能采用容易加工的材料，如泡沫。几种泡沫研究性模型如图2-1～图2-4所示。

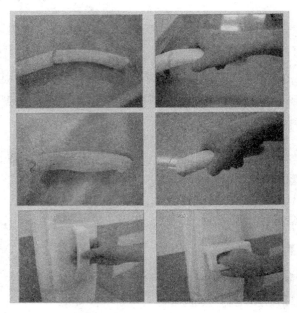

图 2-1　泡沫研究性模型(一)

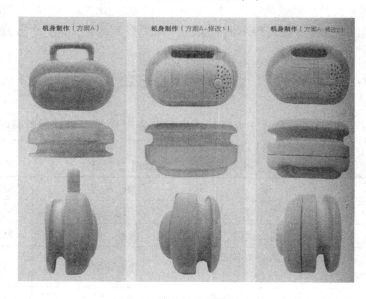

图 2-2　泡沫研究性模型(二)

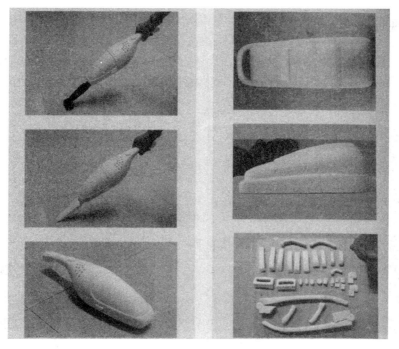

图 2-3　泡沫研究性模型(三)

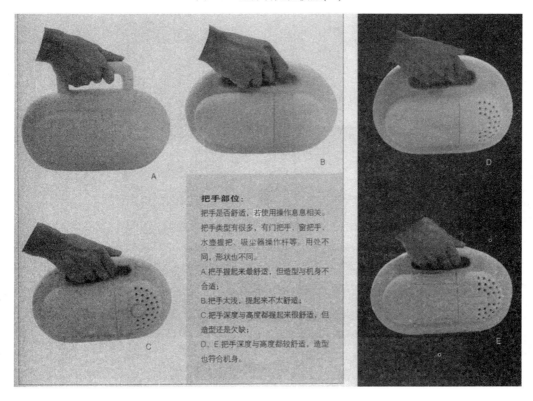

把手部位：

把手是否舒适，若使用操作息息相关。

把手类型有很多，有门把手、窗把手、水壶提把、吸尘器操作杆等，用处不同，形状也不同。

A 把手提起来最舒适，但造型与机身不合适；

B 把手太浅，提起来不太舒适；

C 把手深度与高度都提起来很舒适，但造型还是欠缺；

D、E 把手深度与高度都较舒适，造型也符合机身。

图 2-4　泡沫研究性模型(四)

2.1.2 表现性模型

表现性模型又称为展示模型,通常在设计方案基本确定之后,按照确定的形体、尺寸、色彩、质感等要求精细制作而成的。表现性模型表面质感较好,表现性较佳,色彩和质感表现真实,如图 2-5～图 2-7 所示。

图 2-5 展示模型

图 2-6 游艇展示模型(一)

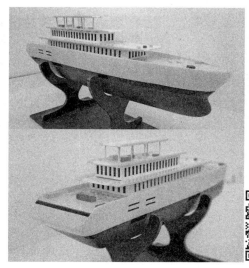

图 2-7 游艇展示模型(二)

2.1.3 功能性模型

功能性模型主要用来研究产品的各种构造性能、机械性能以及人和产品之间的关系。此类模型强调产品机能构造的效用性和合理性,并在一定条件下进行各种实验,检验各项指标是否达标。例如,图 2-8～图 2-10 所示的双人电动车的功能性模型,以车框架为主,强调结构的合理性,以及人机、比例尺度的舒适性。

图 2-8 电动车功能性模型(一)

图 2-9 电动车功能性模型(二)

图 2-10　电动车功能性模型(三)

2.1.4　样机模型

样机模型是为验证设计或方案的合理性和正确性，或生产的可行性而制作的样品。样机模型的作用主要有三种：

(1) 检验结构设计。功能样机制作可以验证结构设计是否满足预定要求，如结构的合理与否、安装的难易程度、人机学尺度的细节处理等。

(2) 降低开发风险。通过对功能样机的检测，可以在开模具之前发现问题并解决问题，避免开模具过程中出现问题，造成不必要的损失。

(3) 快速推向市场。根据制作速度快的特点，很多公司在模具开发出来之前会利用功能样机做产品的宣传、前期的销售，快速把新产品推向市场。

图 2-11 所示为两类样机模型。

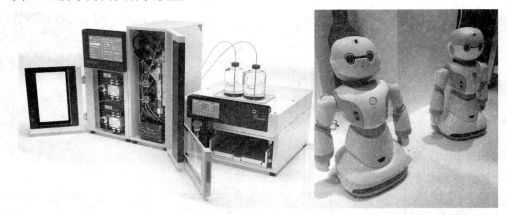

图 2-11　样机模型

2.2　按模型的比例分类

根据需要，将真实产品的尺寸按比例放大或缩小而制作的模型称为比例模型。模型按比例大小可分为原尺模型、放大比例(放尺)模型和缩小比例(缩尺)模型。

比例模型采用的比例，通常根据设计方案对细部的要求、展览场地及搬运方便程度而定。按放大或缩小比例制作的模型，往往因视觉上的聚与散，会产生不同的效果，通常采用的比例越大，反映出与真实产品的差距越大。选择适合的比例是制作比例模型的重要环节。根据设计要求、制作方法和所用材料，比例模型又分为简单型和精细型，多用于研究性模型和表现性模型。

1. 原尺模型

原尺模型又称全比例模型，与真实产品尺寸相同的模型。产品造型设计用的模型大部分用原尺寸制作。根据设计要求，制作方法和所用材料，原尺模型有简单型和精细型。原尺模型主要用作表现性模型、功能性模型。

2. 放尺模型

放尺模型即放大比例模型。小型的产品由于原尺寸较小，不易于充分表现设计的细部结构，需要制成放大比例模型。

3. 缩尺模型

缩尺模型即缩小比例模型。大型的产品，由于受某些特定条件的限制，按原尺寸制作有困难，需要制作成缩小比例模型。缩尺模型通常采用 1：2；1：5；1：10；1：15；1：20 等比例制作，其中按照 1：5 的缩小比例制作的产品模型效果最好。

2.3　按模型的材料分类

产品模型常用的制作材料有黏土、油泥、石膏、纸板、木材、塑料(ABS、有机玻璃、聚氯乙烯等)、发泡塑料、玻璃钢、金属等，可单独使用，也可组合使用。模型按制作的材料不同可分为黏土模型、油泥模型、石膏模型、玻璃钢模型、塑料模型、纸材模型、木模型、金属模型。

1. 黏土模型

黏土模型的优点是取材容易、价格低廉、可塑性好、修改方便，可以回收和重复使用，黏土模型的缺点是重量较重、对于尺寸要求严格的部位难以精确刻划和加工，模型干后会收缩变形或产生龟裂，不易长久保存。采用黏土加工模型，方便快捷，可随时进行修改。一般可用来制作小体积的产品模型，主要用于构思阶段中的草模制作，如图 2-12 所示。

图 2-12　黏土模型

2．油泥模型

油泥模型的优点是可塑性好，经过加热软化，便可自由塑造修改，也易于粘接，不易干裂变形，同时还可以回收和重复使用，特别适用于制作异形形态的产品模型。油泥的可塑性优于黏土，可进行较深入的细节表现。油泥模型的缺点是制作后重量较重，怕碰撞，受压后易损坏，不易涂饰着色，油泥模型一般可用来制作研讨性草模或概念模型，如图 2-13 所示。

图 2-13　油泥模型

3．石膏模型

石膏模型的特点是具有一定强度，成形容易，不易变形，可涂饰着色，可进行相应细小部分的刻划，价格低廉，便于较长时间保存。以石膏材料制作的模具可以对模型原作形态进行翻制，可进行小批量制作。石膏模型的不足之处是较重，怕碰撞挤压。石膏模型一般用于制作形态不大，细部刻划不多，形状也不太复杂的产品模型，如图 2-14、图 2-15 所示。

图 2-14　石膏模型

图 2-15　石膏模型

4．玻璃钢模型

玻璃钢模型是采用环氧树脂或聚酯树脂与玻璃纤维制作的模型。玻璃钢模型一般制作流程：首先在黏土或其他材料制作的原型上，用石膏或玻璃钢翻出阴模，然后在阴模内壁逐层地涂刷环氧树脂及固化材料，裱上玻璃纤维丝或纤维布，待固化干硬后脱模，便可以得到薄壳状的玻璃钢模型。玻璃钢材料具有较好的刚性和韧性，表面易于装饰，适用于设计定型的产品模型制作和较大型产品的模型制作，如图 2-16 所示。

图 2-16　玻璃钢模型

5．泡沫模型

泡沫塑料是在聚合过程中将空气或气体引入塑化材料中而成的。泡沫塑料一般用作绝缘材料和包装材料、现在因为其材质松软、易于加工而广泛地运用于模型制作。泡沫塑料可分成硬质和弹性两种类型。模型制作经常使用的是硬质泡沫塑料。与大多数模型制作所用的材料相比，泡沫塑料的优点是加工容易，成型速度非常快。不过它们的表面美感远不如其他材料好。由于表面多孔，表面需要进行整饰时，程序繁复，效果较差。泡沫模型重量轻，容易搬运，材质松软，容易加工成型，不变形，价格较低廉，具有一定强度，能较长时间保存。泡沫模型的缺点是怕重压碰撞，不易进行精细的刻划加工，不易修补，也不能直接喷漆上色，易受溶剂侵蚀影响。硬质泡沫塑料适宜制作形状不太复杂的产品模型或草模。如图 2-17、图 2-18 所示。

图 2-17　泡沫模型(一)

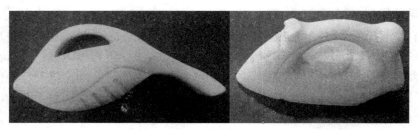

图 2-18 泡沫模型(二)

6. 塑料模型

塑料板材分为透明与不透明两大类。透明材料的特点是能把产品内部结构,连接关系与外形同时加以表现,可以进行深入细致的刻划,具有精致而高雅的感觉。塑料模型重量较轻,加工着色和粘接都较为方便。塑料模型的缺点是材料成本较高,精细加工难度大。一般宜用于制作模型的局部或小型精细的产品表现性模型,如图 2-19、图 2-20 所示。

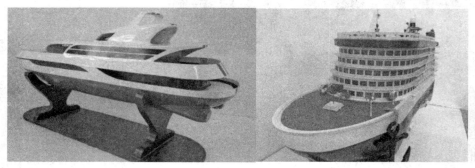

图 2-19 塑料模型(一)

图 2-20 塑料模型(二)

7. 纸材模型

纸材模型一般使用瓦楞纸材料,用于制作产品设计之初的研讨性模型。用纸材来制作草模(粗模),一般用于表现室内家具及建筑模型。

纸材模型的优点是取材容易、重量轻、价格低廉,可用来制作平面或立体形状单纯、曲面变化不大的模型。同时可以充分利用不同纸材的色彩、肌理、纹饰,营造丰富的表面装饰效果。纸材模型的缺点是不能受压,怕潮湿,容易产生弹性变形。如果要做较大的纸材模型,需要在模型内部制作支撑骨架,以增强其受力强度,如图 2-21 所示。

材模型，需要在模型内部制作支撑骨架，以增强其受力强度，如图 2-21 所示。

图 2-21　瓦楞纸家具模型

8．木模型

木材由于强度好、不易变形、运输方便，表面易于涂饰，适宜制作形体较大的模型。木材被广泛地用于传统的模型制作中。虽然对其加工工艺有较高的要求，但木材仍可用简单的方法来加工，可以用木材来制作细致的木模型，或作为其他模型制作的补充材料。使用木材做大型的全比例的模型，则必须在装备齐全的车间和使用专业化的木工设备来辅助完成。除了非常专业的需要，一般很少完全采用木材来制造大型模型。与其他的材料相比，木模型需要用到各种不同的整饰方法，如图 2-22 所示。

图 2-22　木材家具

9．金属模型

金属模型具有高强度、高硬度、可焊接、可锻造的特性和易于涂饰等优点，通常用来制作结构与功能性模型、或表现性模型，如金属工艺品，特别是具有操作运动的功能性模型。在模型制作中，金属经常作为补充的辅助材料。实际模型制作过程中还经常使用纸板材料上涂覆金属的漆料来模拟金属效果。加工金属材料的形态和数量要符合制作模型时快速、便捷的原则。如采用金属材料加工制作大型模型，加工成形难度大，不易修改而且易生锈，形体笨重，也不便于运输，如图2-23所示。

图 2-23　金属模型

第3章 模型制作常用工具、设备与使用

【学习目标】

通过本章的学习，了解模型制作常见辅助工具、设备特点与应用说明；熟悉各种辅助加工工具使用要求；能根据不同模型制作需求选用合适工具、熟练操作常用电动工具能力；提高学生的动手能力和利用所学知识解决实际问题的能力，以及模型的检测评价与安全防范等知识。

【内容提要】

(1) 测量类工具特点；
(2) 切割类工具特点；
(3) 打磨类工具特点；
(4) 钻孔类工具特点；
(5) 加热类工具特点；
(6) 加工设备特点；
(7) 其他辅助材料特点。

【重点、难点】

重点：切割类工具、打磨类工具特点与制作要求。
难点：根据产品模型制作要求选用合适加工工具与熟悉加工工具操作使用。

产品模型制作需要借助各种工具进行辅助，才能更好地完成模型制作，制作塑料模型需要的工具分测量类工具、切割类工具、打磨类工具、钻孔类工具、加热类工具、加工设备等，满足不同模型制作需求。随着模型制作技术发展，智能化、自动化电动工具逐渐投入模型制作使用，提高了模型制作效率。

3.1 测量类工具

测量工具在模型制作中的主要作用是用于图纸比例放样、图纸拷贝以及底盘制作时的尺寸定位。各种常见测量尺如图 3-1 所示。

(1) 直尺，用于测量尺寸，也是辅助切割的工具。

(2) 三角板，用于测量平行线、平面和直角。

(3) 三棱比例尺，是按比例绘图和下料画线时的辅助工具。三棱比例尺又能作定位尺，在对稍厚的弹性板材作 60 度斜切时非常有用。

(4) 钢角尺，用于画垂直线、平面线与直角，也用于判断两个平面是否相互垂直。

(5) 卷尺，用于测量较长的材料，携带方便，有钢卷尺、纤维卷尺，还有腰围尺。在模型制作过程中，钢卷尺用得比较广泛。

(6) 丁字尺，也叫 T 形尺，主要用于测量尺寸，一般由有机玻璃或木材制作，使用较为轻便。

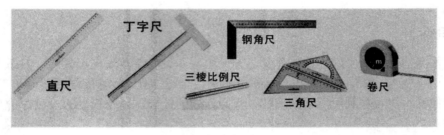

图 3-1   各种常见测量尺

3.2 切割类工具

3.2.1 电动切割工具

切割工具的种类很多，不同的材料应使用不同的切割工具。常见切割工具如图 3-2 所示。

(1) 钢丝锯，有金属架钢丝锯和竹弓架钢丝锯之分，但性能是一样的。钢丝锯的锯条是用很细的钢丝制成的，由于锯料时的转角小，锯口也很小，故能随心所欲地锯出各种形状或曲线形。钢丝锯是锯割有机玻璃材料的理想工具。

(2) 电热切割刀，在快速切割发泡塑料、吹塑和聚苯板等材料时能发挥出极佳的效果。

(3) 手持式圆盘形电锯，可用来锯割木质、塑料等材料。由于手持式圆盘形电锯锯割速度快，而且携带方便，故使用较广泛。

(4) 钢片锯，可用于切割金属、木质和有弹性的塑料等。

(5) 电动曲线锯，使用比较灵便，可以多角度切割木质、有机玻璃、铝等材料，适用于大面积材料的切割。

(6) 电热切割器，常用来切割泡沫塑料、吹塑纸、KT 板等材料，主要利用电阻丝的热量熔解材科达到切割开材料的目的。

图 3-2   常见电动切割工具

3.2.2 手动切割工具

手动切割工具主要是用于辅助切割模型材料，常见的手动切割工具如图 3-3 所示。

（1）美工刀，常用于切割墙纸，制作模型时可用来切割卡纸、吹塑纸、发泡塑料、装饰纸和薄型板材等。

（2）钩刀，刀头为尖钩状，可买到成品，也可用钢锯磨制而成。在制作模型时，美工钩刀主要用来切割有机玻璃和各种塑料板料。

（3）剪刀，模型制作时最好备有大小不同的两把。

美工刀　　　　　　钩刀　　　　　　剪刀

图 3-3　常见手动切割工具

3.3 打磨类工具

模型材料经过切割，可形成模型构件。在组织黏接前，必须对材料进行打磨修整，才能保证模型的精细和工整，所以打磨工具的重要性不言而喻。常见打磨工具如图 3-4 所示。

砂纸　　　　普通锉刀　　　　什锦锉刀　　　　砂轮机　　　手持打磨机

图 3-4　常见打磨工具

（1）普通锉，按其断面形状不同，可分为板锉、方锉、三角锉、半圆锉和圆锉等几种，用于对毛坯部件进行精细加工。为了充分发挥锉刀的效能，锉削时必须选择合适的锉刀。

（2）什锦锉，常用于修整工件的细小部位。整形锉有每组 5 把、6 把、8 把、10 把、12 把等不同的组合。

（3）砂纸，用来对金属、木材、塑料等表面进行研磨以使其光洁平滑。根据不同的研磨物质，有金刚砂纸、人造金刚砂纸、玻璃砂纸等多种。砂纸分为干磨砂纸和水磨砂纸。干砂纸一般砂面里是白色，基体为乳胶纸，柔软性较好；水磨砂纸砂面一般是黑色，背面是牛皮纸，材质比较粗，可以加水打磨产品。砂纸一般以每平方含多少粒子来编号；水磨砂纸有不同的型号，比如 400 目、600 目、800 目等，号码越大，表明质地越细，最细的水磨砂是 2000 目。一般先用 400 目或 600 目的在零件表面粗打磨，再用 800 目～1500 目分别细打磨。注意可以蘸水使用，利用水带走打磨中产生的碎屑；钢砂布常用来打磨金属材料。

(4) 砂轮机，砂轮机是用来打磨各种刀具、工具的常用设备，也用来对普通小零件进行磨削、去毛刺及清理等工作。在打磨过程中，模型要接触砂轮进行打磨，需要掌握好力度。

(5) 电动打磨机，将砂纸夹于打磨机上，机器震动带动砂纸往复移动，代替手动打磨，只需在模型表现基层轻轻推动打磨机，实现打磨找平效果。

3.4 钻孔类工具

常见钻孔工具如图 3-5 所示。

(1) 手持电钻，可在各种材料上钻 1～6 mm 的小孔，携带方便，使用灵活。

(2) 各式钻床，分为台式钻床、立式钻床和摇臂钻床。钻床可在不同材料上钻直径较大、深度较大的孔。

电钻　　　　　　　台式钻床

图 3-5　常见钻孔工具

3.5 加热类工具

常见加热类工具如图 3-6 所示。

(1) 电烙铁，用于焊接金属工件，或对小面积的塑料板材进行加热弯曲。模型制作时一般选用 35 W 内热式及 75 W 外热式电烙铁各一把。

(2) 电热恒温干燥烘箱，用于塑料板材与油泥的加热。电热恒温干燥烘箱的温度可以设定在 30～300℃。电炉最好选择 1500～2000 W 的大炉盘。

(3) 热风枪，用于对塑料板材进行焊接加工，最好选择 1200 W 热风枪。热风枪吹出的热风能熔化塑料焊条，可以很容易地将两块塑料板材焊接在一起。

电烙铁　　　电热恒温干燥烘箱　　　热风枪

图 3-6　常见加热类工具

3.6 加工设备

电脑雕刻机有激光雕刻和机械雕刻两类，如图 3-7 所示。雕刻机从加工原理上讲是一种钻铣组合加工，可用于大面积板材平面雕刻，可雕刻各种模具、木模、汽车泡沫模具等。cNc 雕刻可按照实物建模，实现二维到三维的构造，高度精细加工模型。电脑雕刻机分为大功率和小功率两类。小功率的只适合做双色板、建筑模型、小型标牌、三维工艺品等。大功率雕刻机除了可以做小功率雕刻机所做的东西，还可以做大型切割、浮雕、微刻等。电脑雕刻机可加工的材料包括亚克力、双色板、PVC、AB5 板、石材、仿石材、金属、铝塑板等多种材料。

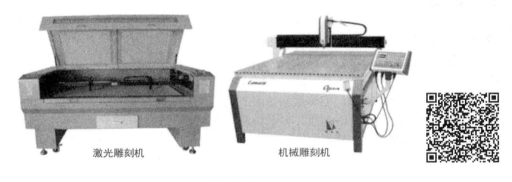

激光雕刻机   机械雕刻机

图 3-7 雕刻机类型

电脑雕刻机一般由计算机、雕刻机控制器和雕刻机主机三部分组成。其工作原理是通过计算机内配置的专用雕刻软件进行设计和排版，并由计算机把设计与排版的信息自动传送至雕刻机控制器中，再由控制器把这些信息转化成能驱动电机或伺服电机的带有功率的信号(脉冲串)，控制雕刻机主机生成 X、Y、Z 三轴的路径。同时，雕刻机上的高速旋转雕刻头，通过按加工材质配置的刀具，对固定于主机工作台上的加工材料进行切削，即可雕刻出在计算机中设计好的各种平面或立体的浮雕图形及文字，实现雕刻自动化作业。

3.7 其他辅助材料

3.7.1 补土和原子灰

补土和原子灰是为了填补模型表面的空隙和细小残缺，以便达到更好的模型表面质感，更利于喷漆上色。原子灰一般用于产品模型表面大面积填补，以达到表面更好的硬度和光滑度，方便后期喷漆，现市面上常见的原子灰以 1∶10 的比例和固化剂调和后使用。补土类型比较多，一般常用的是原子灰补土，具有快干的效果，一般用于填充小的划痕或进行小修补，具有"补坑神器"的称号，可在模型制作中根据需要进行选择。补土与原子灰如

图 3-8 所示。

图 3-8　补土与原子灰

3.7.2　粘接材料

常用粘接材料如图 3-9 所示。

(1) 双面胶、固体胶：适合粘贴纸张。

(2) 泡沫喷胶：一般是 3M 77 喷胶，没有腐蚀性，适合粘接各种泡沫模型。

(3) 白乳胶：适于粘木材、泡沫塑料、瓦栅等；白乳胶晾干较慢。

(4) 502 胶水：使用灵活，方便，粘贴效果较好。

(5) 万能胶：一般罐装，500 ml 以上的容量，适合大面积粘接，用于粘各类塑料、木材、橡胶等。

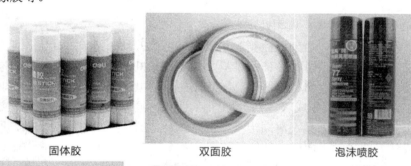

固体胶　　　　双面胶　　　　泡沫喷胶

白乳胶　　　　502胶水　　　　万能胶

图 3-9　常用粘接材料

第二部分

流程与方法

第4章 模型制作流程

【学习目标】

通过本章的学习，了解产品模型制作基础与模型制作流程；熟悉常用的石膏模型、油泥汽车模型制作过程；熟悉石膏、油泥模型材料特点，培养学生探究和创新意识，学习科学研究的方法，发展综合运用知识的能力，培养团队精神。

【内容提要】

(1) 模型制作基础；
(2) 石膏模型制作流程与注意事项；
(3) 油泥模型制作流程与注意事项。

【重点、难点】

重点：石膏模型制作流程、油泥模型制作流程。
难点：模型制作流程统筹规划、模型制作过程注意事项。

4.1 产品模型制作大致流程

产品模型制作类型较多，模型材料类型也较多，不同类型模型材料的制作流程与方法有所差异，但大体流程基本相同，大致如下：

① 准备模型加工图纸；
② 模型材料准备；
③ 制作基础造型；
④ 完善造型；
⑤ 制作模型细节。

石膏模型、油泥模型是产品模型常见的模型类型，在本章将以石膏模型、油泥模型制作为例讲解一款灯具模型制作流程。该灯具以贝壳为灵感，将贝壳纹理运用到灯具造型设计中，在保留其形式美感的同时，又能传递出温馨的生活韵味。

1. 准备模型加工图纸

设计图纸是设计师交流的语言，也是产品模型加工的重要依据。设计图纸是模型制作的前期准备。图纸一般从产品 3D 数字化模型输出。模型制作前准备的图纸一般包括产品整体视图、分部件视图以及零部件加工图等，这些图纸要标注尺寸。贝壳灯具整体视图如图 4-1 所示。

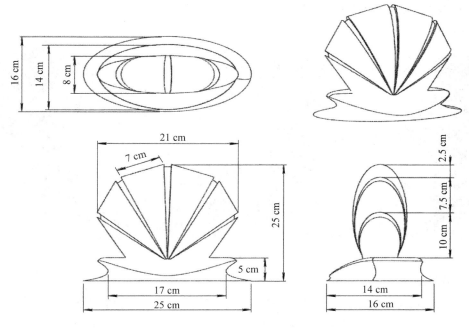

图 4-1　贝壳灯具整体视图

2．模型材料准备——调制石膏粉

有些模型材料能直接使用，而有些模型材料需要事先调制好才能进入下一个环节。石膏模型制作前需要先调整好石膏粉，油泥模型制作前需要将油泥放进烘箱进行加热成黏稠状。

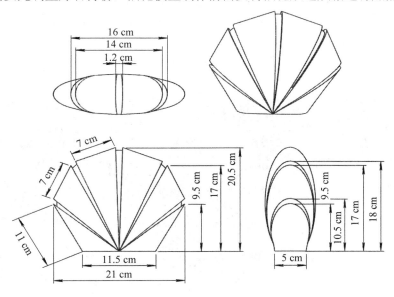

图 4-2　贝壳灯具底座与灯身主体视图

石膏粉调制的方法为：提前准备好面盆、适量清水、石膏粉、装石膏纸盒容器等物品。在盆中先加入适量的水，再慢慢把石膏粉沿盆边撒入水中，一定要按照顺序先加水再加石膏。为了搅拌均匀可用手搅拌，要快速有力、用力均匀，要保证石膏粉全部吸透水分，否则容易产生疙瘩。搅拌成糊状后倒入磨具等待成型，后续进行切割削磨。石膏粉调整如图 4-3 所示。

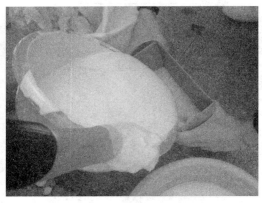

图 4-3　石膏粉调整

3．制作基础造型

产品模型的基础造型对产品最终模型起到辅助性作用，基础造型为后续完善模型造型、完善模型细节积累前期基础，基础造型的效果直接影响最终模型质量。贝壳灯具基础造型的制作主要包括灯身主体石膏模型制作和底座泡沫模型制作。灯身主体石膏模型用于后续 ABS 塑料热弯成型；底座泡沫模型用于后续涂抹油泥与原子灰塑形。

1) 制作灯身主体石膏模型

将凝固定型的石膏从容器中取出，根据打印出 1∶1 的模型图纸，在石膏块上绘制出基本轮廓线，用锯子、美工刀等工具对石膏采用减法成型的方法进行加工。加工步骤为先方后圆，先整体后局部，逐步完成。加工过程中注意尺寸的准确性，多使用量尺，从各个角度和各个方面去比较、审视、测量，使模型尺寸尽量准确。石膏模型制作过程如图 4-4、图 4-5 所示。

图 4-4　石膏模型制作过程(一)

图 4-5　石膏模型制作过程(二)

2) 制作底座泡沫模型

使用泡沫材料为普通泡沫，取材方便，切割比较容易。将图纸贴纸在泡沫上绘制主要轮廓线，用美工刀进行造型切割，切割尺寸比实际尺寸小 5 mm 左右，预留油泥和原子灰涂抹的空间。底座泡沫模型制作过程如图 4-6 所示。

图 4-6　底座泡沫模型制作过程

4. 完善造型

完善造型主要是在基础造型上完成产品模型主体、零部件制作。完善造型是产品模型制作的深入制作阶段，是投入精力最多的关键阶段。贝壳灯具完善造型主要包括底座油泥模型制作与原子灰涂抹塑形及灯身主体热弯成型两步工作。

1) 底座油泥模型制作与原子灰涂抹塑形

底座泡沫在涂抹油泥前，可将泡沫在不同方向戳些小洞，方便后续让油泥流进洞以便固定油泥。将加热成黏稠状油泥涂抹在泡沫上，可用小铲子进行涂抹，也可用大拇指和手掌缘向前推进涂抹。涂抹油泥最好一层接一层地涂抹，并且第一层油泥不要涂得太厚，应该是适当用力并尽量均匀地先填敷薄薄的一层，待油泥干后进行粗刮和精刮油泥，对造型不断修正和调制，修补泡沫造型的偏差，直至达到精确造型。底座油泥模型制作如图 4-7 所示。

图 4-7　底座油泥模型制作

　　将原子灰和固化剂以 50∶1 的比例进行混合搅拌,然后将混合好的原子灰涂抹在修理光滑的油泥表面,风干后使用砂纸和锉刀进行打磨,也可使用砂纸机打磨,提高打磨效率,来回打磨细致。模型上难以填补的小洞和针眼大小的白点,可用补土原子灰进行修补。底座原子灰涂抹塑形与打磨如图 4-8、图 4-9 所示。

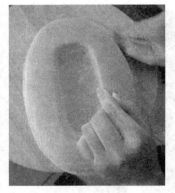

图 4-8　底座原子灰涂抹塑形与打磨(一)

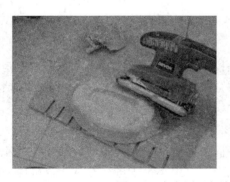

图 4-9　底座原子灰涂抹塑形与打磨(二)

　　2) 灯身主体热弯成型

　　将灯身主体上需要热弯成型的 ABS 塑料板图纸制作好,展开平面图,使用雕刻机切割出来,如图 4-10 所示。

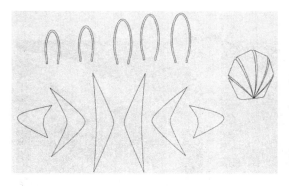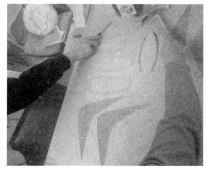

图 4-10　灯身主体 ABS 塑料板图纸与雕刻

　　将雕刻出来的 ABS 板贴在灯身主体石膏造型上进行热弯，使用热风枪均匀吹热灯具零部件，要戴上手套进行，注意热风枪与 ABS 塑料板的距离，均匀吹热零件需要热弯的部分，切勿在同一个地方停留过久，避免零件过热而变形。灯身主体 ABS 塑料板热弯如图 4-11 所示。

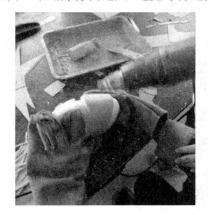

图 4-11　灯身主体 ABS 塑料板热弯

将热弯定型的 ABS 板用 502 胶水粘贴固定起来，如图 4-12 所示。

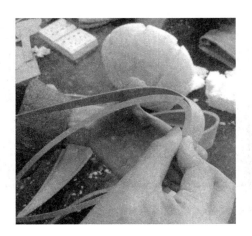

图 4-12　将热弯定型的 ABS 板用 502 胶水粘贴固定起来

将粘贴好的零部件进行组装，零部件连接处会有缝隙，需要用原子灰进行涂抹打磨光滑，如图4-13所示。

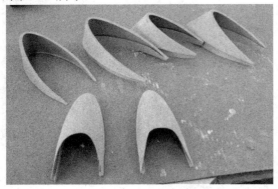

图4-13　将热弯好的零部件用502胶水进行粘贴

灯身主体ABS塑料板热弯成型效果如图4-14、图4-15所示。

图4-14　灯身主体ABS塑料板热弯成型效果(一)

图4-15　灯身主体ABS塑料板热弯成型效果(二)

5. 制作模型细节

制作模型细节让产品模型更加完善，真实感更强，表现性效果更为突出。产品模型细节制作包括功能件、喷漆上色等环节。

　　贝壳灯具细节制作包括灯光功能件安装。为表现温馨的灯光效果，用具有透光性能的半透明磨砂塑料覆盖作为灯罩，如图4-16所示。贝壳灯具模型整体效果如图4-17所示。

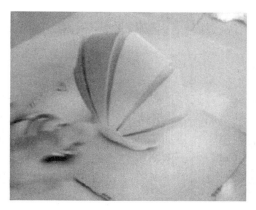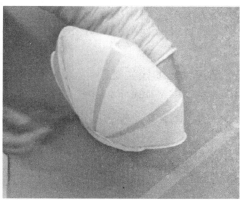

图 4-16　贝壳灯具喷漆与灯罩安装

图 4-17　贝壳灯具模型整体效果

4.2　模型制作基础

1. 制图与看图

　　确定模型方案与输出设计图纸是产品模型制作非常重要的前期准备工作。图纸是设计师的语言，通过绘制大量草图可以帮助设计师拓宽思路，找到设计的方向，制作者还需要绘制并复印多份精准的多视图、局部细节放大图，通过这些图纸来规范模型的形态、尺寸、构成关系等，为了保证制作出来的模型符合最初的构想，在制作中，就需要做到有图可依、有图可参。

　　产品模型方案与图纸输出主要的流程如下：

① 确定产品模型制作方案；

② Rhino 3D 数字化建模；

③ 拆分零部件；

④ 提取零部件轮廓线；

⑤ 导出产品三视图、零部件的平面图，打印出来进行造型切割，或用Coreldraw和Type3软件进行参数设置。

2. 选择合适的模型材料

通常而言，模型制作要经过塑造、翻模、成型、修整、打磨、抛光、贴膜或喷漆多个阶段，这些环节涉及多种材料，模型制作是多种材料综合应用制作而成。制作者要做到正确地选择材料，首先应该充分了解各种材料的性能、材料加工成型的工艺技术；一般情况下，中小型模型涉及的模型材料是石膏材料、油泥材料、塑料材料、原子灰等材料，另外黏合胶水、打磨用砂纸、自动喷漆、造型分析和遮喷用胶带等辅助材料也是需要提前准备的材料。

3. 准备合适的模型工具

工欲善其事，必先利其器。模型制作工具在模型制作过程重要的辅助工具，合理选择辅助工具能提高模型制作效率和效果。一般情况下建议选择电动工具。一般模型制作可参考选择的工具有小型打磨工具、电动切割工具、电动钻孔工具等。

4.3 石膏模型制作方法

学习用石膏制作产品模型是设计教学中的一个必要环节。石膏虽不及油泥在曲面造型方面的优势，但成本造价却要便宜得多；虽无法达到塑料模型的质感与真实感，却更易成型等等。石膏模型具有耐热特点，非常适合做模具基础型，用其可以进行压模、热弯工艺，这一点是其他材料难以做到的。

通常，初学设计者选择石膏来制作模型是比较合适的，它的成型方法多样，通过经历各种不同的实验过程，可以帮助初学者提高对形体的认识和把握能力。比如制作一个简单的手柄，可以通过认真切实地分析各种不同的把持方式，来制作一系列不同手势的石膏模型，初学者通过这一个过程就能很好地强化对"手"的认识，在未来的设计工作中，就能比较自如地将自己对"手"的理解应用到和手相关的产品设计中。另外，石膏模型允许一定程度的修补，如果一次制作不够完美，还可以在制作的任意阶段适时进行修补，这个优势对初学者很有实际意义，且制作完成以后的石膏制品基本不再与水发生化学反应，可以稳定地存在于自然条件下，即可长时间存放。也正是因为上述这些因素，石膏制品在现代装饰设计中得到了普遍的应用。而在工业设计领域，考虑到石膏的强度限制，一般都是在设计的初级阶段用于制作概念模型，以备方案论证之用。

1. 选择石膏粉

市面上出售的石膏粉种类繁多，而在模型制作过程中需要选用质地比较好的熟石膏粉，所以在制作之前考量熟石膏的质地十分必要。通常情况下，模型制作选用的熟石膏粉为白色，摸起来质地较为细腻柔软，而那种掺杂了黑色小颗粒，有杂质，摸起来手感粗糙的熟石膏粉尽量不要选用，因为成型过程中容易产生气泡，且凝固以后也容易形成密度不均的石膏块体，直接影响后期的塑形。

2．制作石膏

调制石膏使用的工具主要有：一个塑料桶或者塑料盆。调制石膏的过程简单容易，技术要求低，但却很讲究操作过程的顺序。首先，在容器中放入适量的清水，然后用手抓起适量的熟石膏粉均匀地撒入容器中，此时不要搅动容器，尽量让石膏粉以自重下沉，充分吸收水分，当撒入的石膏粉在水里，用手沿顺时针方向搅动熟石膏粉，搅动时力量均匀，动作缓慢，切忌大力或者任意换方向搅动，以减少空气溢入而在石膏浆中形成气泡。石膏调制过程如图 4-18 所示。

图 4-18　石膏调制过程

随着石膏不断地吸水，手在搅动过程中将感觉到石膏浆的黏稠度越来越高，而石膏浆已成乳脂状时，用手伸入到石膏浆容器中，感受到石膏浆黏稠而柔软，用手搅拌的时候明显感觉到阻力，且完全没有块状颗粒以后，即表示石膏的调制过程已经完成。此时的石膏浆已经处于最佳的浇注状态，要抓紧时间将石膏浆纸倒入盒中，如图 4-19、图 4-20 所示。

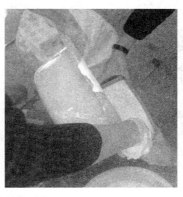

图 4-19　石膏模型制作过程(一)

图 4-20　石膏模型制作过程(二)

　　大概等待 20～30 分钟,石膏外表已经干了,可以用大拇指用力按压,如果按压不动,则可以拆开纸盒,抓紧时间将草图贴在石膏上或将草图画在石膏上,不能等石膏完全干了再操作,那时石膏硬度太大,比较难切割。石膏切割可以使用各种工具,过程如图 4-21～图 4-24 所示。

图 4-21　石膏模型切割过程(一)

图 4-22　石膏模型切割过程(二)

图 4-23　石膏模型切割过程(三)

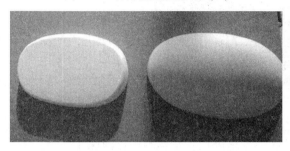

图 4-24　石膏模型完成效果

针对操作中容易出现的问题，制作者需要注意以下几点：

(1) 一定是在水中加入熟石膏粉而不能在熟石膏粉中注水。因为熟石膏具有极强的吸水性且很容易固化，在熟石膏粉中注水容易快速形成石膏块体，而不能形成用于塑性加工的石膏浆。

(2) 撒石膏粉时一定要尽量均匀，且每次不能撒太多，保持少量多次的方法，这样可以减少小结块出现的几率。

(3) 用手搅拌石膏液体时候要边搅拌边捏碎颗粒。

(4) 搅动石膏浆一定要按同一方向进行，切忌胡乱搅拌。

(5) 石膏浆的黏稠度是一个比较难控制的关键点，太稠太稀都不易成型，合适的黏稠度以手上沾有的石膏浆很柔软但不是很容易滑落为判断标准，初次制作时最好用少量熟石膏粉多试验几次，以减少失误。

4.4　油泥模型制作流程

油泥的种类有精雕油泥和工业油泥两种，其主要成分是由黏土、油脂、树脂、硫黄、颜料等填料进行配比的人工合成材料。油泥的质地较为细腻，可塑性好。油泥不溶于水，不会干裂、变形，其可塑性会随着环境的温度而产生变化。常温环境下，油泥为固体状态，坚硬细致，可精雕细琢。油泥对温度敏感，微温变软，易于表现与修改，可进行塑形或修补。该材料较难之处就是表面的处理，必须要刮光平整或涂上原子灰打磨平整后才能着色。除此之外，油泥还可以重复循环使用，是制作产品模型的理想材料。下面以汽车油泥模型制作为案例讲解油泥模型的制作流程。

4.4.1 前期准备

汽车造型设计都要经历油泥模型的制作，来感受汽车的体量跟线条感，再通过模型的制作与反复调整后得出汽车造型设计的方案。汽车油泥模型制作的整体过程有汽车造型数字化模型材料选用、设计图纸准备、工具准备、模板制作、胎架制作、胎基制作、成型精修、车轮车轴及附件制作和色彩(喷漆)处理等过程。如图 4-25 所示为保时捷汽车数字化模型。

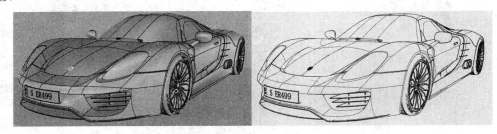

图 4-25　保时捷汽车数字化模型

制作汽车油泥模型的材料主要有油泥、泡沫等。油泥融化后会变软，冷却后会变坚硬，十分适合刮削，是做油泥模型最外层的最佳材料。泡沫主要用于做胎基，因为它具有质轻、易于黏合及成型方便等优点，泡沫黏合时推荐 3M77 喷胶黏合。油泥模型制作工具包括各种刮刀、刮片、雕刻刀、丁字尺、铅笔、描线笔等，如图 4-26、图 4-27 所示。

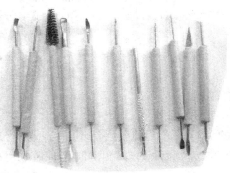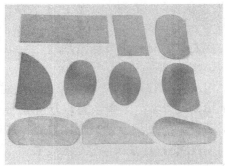

图 4-26　油泥模型制作工具(一)

图 4-27　油泥模型制作工具(二)

在开始制作油泥模型之前，一定要有汽车造型准确的三视图(主视图、前视图、俯视图)，如有条件还需准备后视图。通常需要准备的设计图纸的比例与制作的油泥模型比例一致，并且标注出制作实际尺寸，这样方便后面的刮削。汽车三视图如图4-28所示。

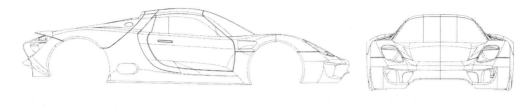

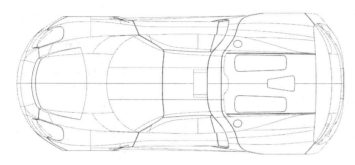

图4-28　汽车三视图

模板的作用是限定模型的外形，保证模型的精确度。本书使用密度板板材制作模板，在Rhino软件中提取卡板模板的轮廓线，雕刻出来，如图4-29所示。一般而言，模板主要有一个中轴线模板(从侧视图取出)和一个车身侧沿模板(从顶视图取出)及若干个侧面模板(从正面视图取出)。把模板根据工作台上的定位线设置好以后，可以看出在这些位置所填敷的油泥的盈亏。把这些位置泥的高度确定下来，用专用颜料填上白线作为基准线，在这个基础上把泥补全。

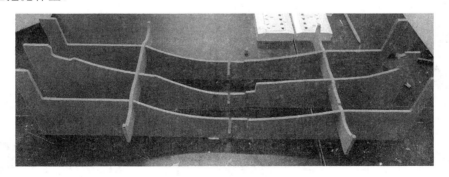

图4-29　造型模板

4.4.2　制作泡沫胎基

胎基一般用发泡塑料削切黏合而成，主要是为了制作模型的基础形体。另一方面，由于油泥相对昂贵，车体内部都用它制作比较浪费，且增加车身重量。需要注意的是，胎基要小于车体的外形约 3 cm(预留上泥的厚度)，并且尽量减少突出的锐角，便于后期的油泥刮削。泡沫部件可以边锯边粘，这样便于定位。粘接时要使用 3M77 喷胶或乳白胶，因为这些胶没有腐蚀性，泡沫不会因为粘胶的腐蚀而变形和缩小。

接下来就是整体磨削，在开始磨削之前，首先做好一项准备工作，将前面打印好的工程图的主视图和前视图，沿外轮廓线剪下，最好在图纸后面垫个厚纸板增加图纸的强度。在磨削过程中要在远处和多个角度进行观察，对于磨削过度的地方要注意标记好，以便在后面的油泥层制作中弥补。泡沫模型制作过程如图 4-30～图 4-34 所示。

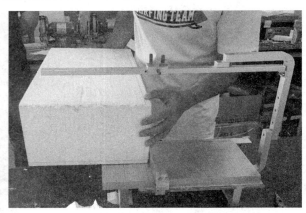

图 4-30　泡沫模型制作过程(一)

图 4-31　泡沫模型制作过程(二)

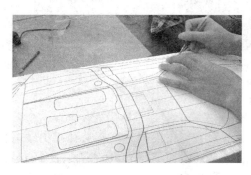

图 4-32　泡沫模型制作过程(三)

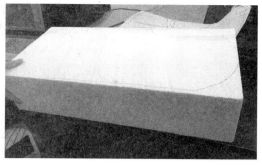

图 4-33　泡沫模型制作过程(四)

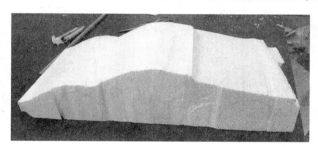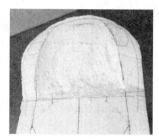

图 4-34　泡沫模型制作过程(五)

　　在泡沫模型制作过程中，要用模板卡在造型上检查造型是否合理，泡沫模型切削尺寸比卡板模板要小约 3 mm 左右，如图 4-35～图 4-38 所示。

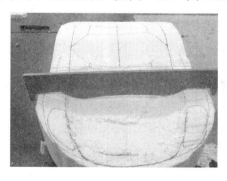

图 4-35　泡沫模型制作过程(六)

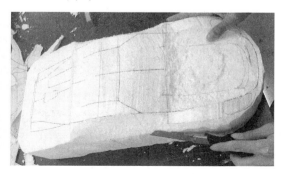

图 4-46　泡沫模型制作过程(七)

图 4-37　泡沫模型制作过程(八)

图 4-38　泡沫模型制作过程(九)

4.4.3　填敷油泥

　　填敷泥的程序分为两步。先上一层薄泥，然后上一层厚泥。上泥分量的原则是宁缺毋滥，这样做是为了保证泥和泡沫模型的结合强度。油泥材料在常温下质地坚硬，温度在 50℃ 以上时质地慢慢变软，可按照橡皮泥的操作方法进行塑形。其优点是软化的精雕油泥不沾手，可用手指将造型表面抹平，常温下冷却后表面会变得光滑且按压时不会变形，需要再次塑形时可以用吹风机将造型吹热，造型即可慢慢软化。本次油泥模型制作所用的工具是最基本的工具，分别是泥塑制作基本工具包、基本泥塑工具刀和水泥平铲。加热设备是恒温烤箱。

　　敷油泥前，为使油泥更好地粘贴在泡沫上，可以在泡沫模型上扎孔，将加热或黏稠状的油泥从中间分别向车模的头部和尾部一层接一层的敷贴。敷贴时要用力适当，既保证油泥层与层之间的贴合又不使整个模型因用力过大而变形，直到敷贴的油泥使模型超出初设计曲线 2～5 mm 时为宜。油泥填敷过程如图 4-39～图 4-42 所示。

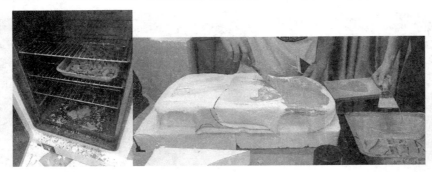

图 4-39　油泥填敷过程(一)

图 4-40 油泥填敷过程(二)

图 4-41 油泥填敷过程(三)

图 4-42　油泥填敷过程(四)

4.4.4　刮整油泥

刮整油泥分为粗刮和精刮环节。敷好油泥后，就开始进行粗刮，主要针对大的面，先把一面的窗做好，再依据窗的形状把整个汽车的大致轮廓刮出来。使用的工具有直角刮刀、刮锯等。在图上取样很方便。大的面基本完成后，接下来完成局部的刮削，这一阶段需要不断地修补，注意和图的对照。细节部分暂且不用考虑。

在粗刮时，最重要的要求是油泥模型要与设计图纸相像，并且左右两部分要对称，其中对称性是较为麻烦的，可以画中线，将两边造型线画在油泥上进行修改。油泥模型粗刮过程如图 4-43 所示。

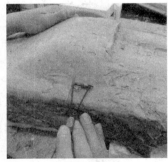

图 4-43　油泥模型粗刮过程

在刮油泥的过程中，遇到比较复杂的地方，要用卡板模板卡在油泥上，压出凹痕，根据凹痕来刮出较为准确的形状，如图 4-44 所示。

图 4-44　利用卡板模板塑形

　　油泥的形状会直接决定后期模型的形状是否准确，因此需要反复刮补、检查，来保证油泥形状的准确性。在刮整过程中发现不正确的造型需要调整和修补，如图 4-45 所示。

图 4-45　油泥修补过程

　　由于该汽车模型后期需要涂抹原子灰和制作 ABS 塑料贴片，因此精刮就没有做得很精细和光滑。油泥精刮过程如图 4-46、图 4-47 所示。

图 4-46　油泥精刮过程(一)

图 4-47　油泥精刮过程(二)

　　根据车身结构线裁剪出合适的 ABS 板，并用热风枪加热 ABS 板，弯折 ABS 板得到合适的形状，然后贴在油泥模型上，最后涂上 502 胶水粘贴牢固。ABS 拼贴完成后模型表面不需要再花精力打磨，后期用 2000 目细砂纸打磨光滑就可以了。这种方法比整个车身涂抹原子灰的做法要节省大量的打磨时间。ABS 热弯和粘贴过程如图 4-48～图 4-50 所示。

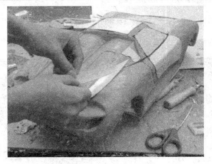

图 4-48　ABS 热弯和粘贴过程(一)

图 4-49 ABS 热弯和粘贴过程(二)

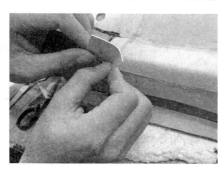
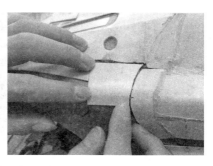

图 4-50 ABS 热弯和粘贴过程(三)

由于汽车车身造型较为复杂，ABS 贴片粘贴方式难以覆盖整个车身，对于比较难用 ABS 粘贴方式实现的造型，用原子灰填补，后期需要打磨光滑，如图 4-51～图 4-55 所示。

图 4-51 原子灰涂抹与修补(一)

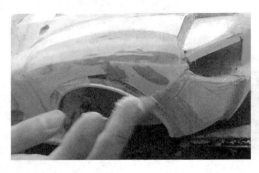

图 4-52　原子灰涂抹与修补(二)

图 4-53　打磨好的模型效果(一)

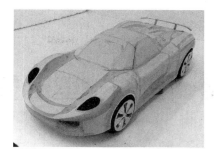

图 4-54　打磨好的模型效果(二)

图 4-55　喷漆后的模型效果

第 5 章　塑料模型制作方法

【学习目标】

通过本章撑习，了解塑料板材雕刻与塑料模型制作方法；使学生通过直接的操作对空间体量、成型工艺、材质、比例、色彩与产品的关系有直观、亲切的体会；掌握模型制作各个软件具体操作，掌握叠加法、涂抹法、压模法、热弯法等四种方法在产品塑料模型上的应用；培养科学的模型制作思路，能合理运用合适材料和加工工艺完成产品模型制作，具有一定的动手能力和解决问题的能力，培养在平面(图纸)与三维造型之间转换的理解力。

【内容提要】

(1) 塑料板材雕刻涉及软件：Rhino 软件建模、Coreldraw 软件封闭填色、Type3 软件参数设置。

(2) 四种塑料模型制作方法：叠加法、涂抹法、压模法、热弯法。

【重点、难点】

重点：模型制作软件建模思路分析，制作塑料模型时选用合理的模型制作方法，以及这些方法的综合应用。

难点："摊平可展开曲面"命令应用，Coreldraw 图形封闭填色方法，Type3 刀具路径设置方法，压模法的操作应用。

塑料是产品模型制作重要的制作材料，适合制作表现性模型，其展示效果较好。塑料模型主要采用 ABS 材料制作。ABS 塑料学名为丙烯腈-丁二烯-苯乙烯共聚物，工程塑料一般是不透明的，外观呈浅象牙色、兼有韧、硬、刚的特性，不仅具有良好的刚性、硬度和加工流动性，而且具有高韧性特点，可以注塑、挤出或热成型，且加工尺寸稳定性和表面光泽好，容易涂装、着色，还可以进行喷涂。在工业设计模型制作中，通常利用 ABS 板材的 120～170℃ 的变形温度的特点，将其挤压、弯曲和伸长来制作产品的展示模型或者样机。

塑料模型经常要拆分成零部件并将其分别雕刻出来，进行下一步的加工，因此使用雕刻机进行板材切割是非常重要的辅助手段，可以提高模型制作效率和美观程度。

塑料模型制作主要有四种方法：叠加法、涂抹法、压模法、热弯法，产品模型制作通常采用多种方法混合的方式，很少采用单一的制作方法。

5.1 塑料板材雕刻

下面以儿童自行车模型为案例应用软件和雕刻机进行塑料板材切割。童车模型制作涉及几个软件，分别是 Rhino 软件建模、Coreldraw 软件封闭填色、Type3 软件雕刻参数设置等。童车制作思路如下(以软件应用为流程)：

① 拆解自行车零部件(Rhino 软件)；

② 导入 Coreldraw 封闭填色(Coreldraw 软件)；

③ 导入 Type 3 设置雕刻参数(Type 3 软件)；

④ 模型手工制作环节，包括雕刻机雕刻 ABS 板材、板材粘贴叠加成型、涂抹原子灰、打磨、喷漆等。

5.1.1 Rhino 软件模型文件制作

童车 Rhino 软件 3D 数字化模型如图 5-1 所示，3D 图纸示意图如图 5-2 所示，童车实物模型如图 5-3 所示。

图 5-1 童车 Rhino 软件 3D 数字化模型

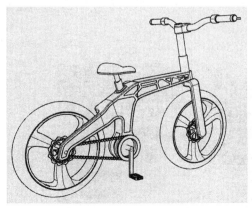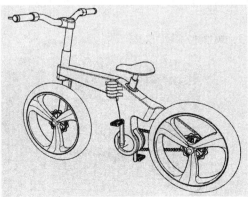

图 5-2　3D 图纸示意图

图 5-3　童车实物模型

　　根据自行车结构，将自行车零部件拆解，分解成多个部件，并将这些部件的轮廓线提取出来，形成封闭的图形，并确定好这些部件要雕刻的数量以及尺寸，然后分别将这些部件的轮廓线导出，导出文件的格式为"DWG"，方便后期输入 Corledraw 进行封闭填色，如图 5-4 所示。

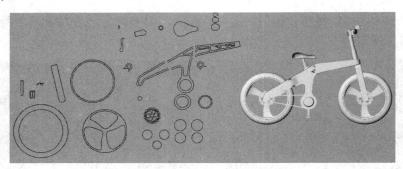

图 5-4　将自行车零部件拆解

　　童车零部件拆解思路：分解成多个部分→摊平可展开曲面→提取曲面轮廓线，形成封闭的图形。拆分童车零件时可应用"摊平可展开曲面"命令💠。该命令可以适用于旋转母线为直线的周期曲面、结构成为直线的曲面。

　　(1) 将旋转母线为直线的周期曲面展开，或将"UV"结构线为直线的曲面(白色线条)摊平展开。

　　(2) 可将倾斜平面图形展开，如图 5-5、图 5-6 所示。

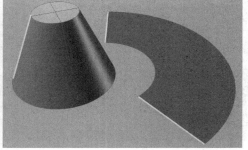

图 5-5　将圆台外表面摊平展开

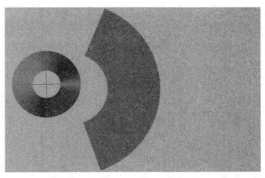

图 5-6　将圆台外表面摊平展开并提取轮廓线

为将圆台外表面摊平展开，并提取轮廓线，其他类似结构线是直线(白色线条)的曲面也可以实现摊平展开，并提取轮廓线，如图 5-7 所示。

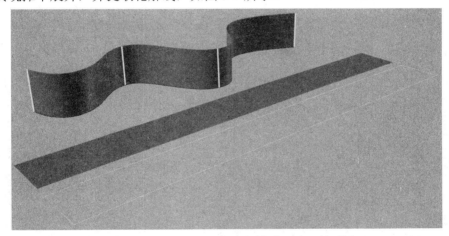

图 5-7　结构线是直线(白色线条)的曲面实现摊平展开

以童车车架表面曲面展开为案例说明，现在需要将如图 5-8 中的车架曲面(A 图形)展开，选择"曲面工具"中的"摊平可展开曲面"命令，得到"车架曲面"的展开平面图形(B 图形)，如图 5-8 所示。

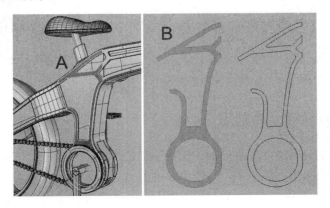

图 5-8　使用"摊平可展开曲面"命令得到展开平面图形(B 图形)

现在需要将如图 5-9 中的车架曲面(A 图形)展开，选择"曲面工具"中的"摊平可展开曲面"命令，得到"车架曲面"的展开平面图形(B 图形)，如图 5-8～图 5-11 所示。以此类推，摊平展开童车其他曲面零部件，并提取轮廓线。

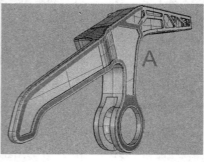

图 5-9   需要展开车架曲面(A 图形)

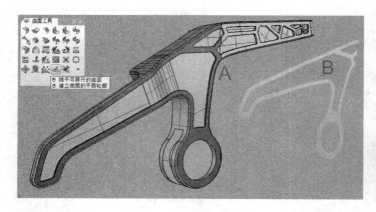

图 5-10   使用"摊平可展开曲面"命令得到展开平面图形(B 图形)

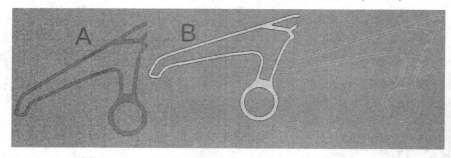

图 5-11   展开平面图形并提取轮廓线(B 图形)

5.1.2   Coreldraw 软件模型文件制作

导入上一步骤中由 Rhino 软件生成的"DWG"格式文件，将线条进行焊接，将连接点封闭、填色，本案例使用的啄木鸟雕刻机，其雕刻幅面是 60 cm × 90 cm，所以在 Coreldraw 软件中也要设置版面大小为 60 cm × 90 cm，并在上下左右各预留约 2 cm 的空白边。将要雕刻图形排在一个版面，并排好版面，每个图形要保持一定的距离，尽量充分利用空间，如图 5-12 所示。将排好版的图形文件按"EPS"格式导出文件。

图 5-12   在 Coreldraw 软件对图形进行封闭、填色、排版

5.1.3   导入 Type 3 设置雕刻参数

导入 Type 3 调置雕刻参数的操作步骤如下：

(1) 将上一步骤中由 Coreldraw 导出的"EPS"格式文件导入 Type 3 软件中，封闭图形才能切割出来，如图 5-13 所示。

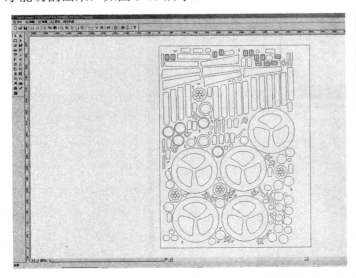
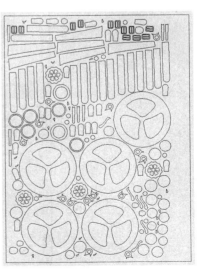

图 5-13   eps 文件导入 Type 3 效果

(2) 点击图标 ，进入 CAM 模块，如图 5-14、图 5-15 所示。

图 5-14　CAM 模块(一)

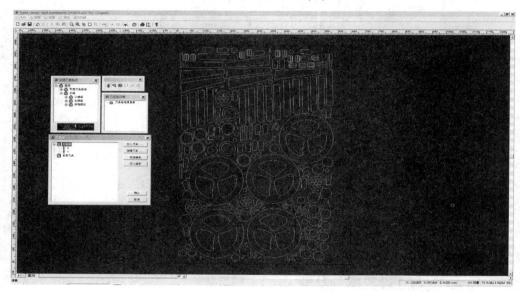

图 5-15　CAM 模块(二)

Type 3 CAM 模块功能部分如图 5-16 所示。

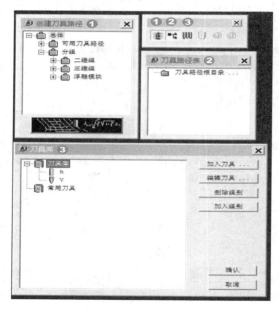

图 5-16　Type 3 CAM 模块功能

① 创建刀具路径：可实现二维雕刻与切割功能、三维雕刻与切割功能、浮雕功能。

② 刀具路径表：显示雕刻每次生成的雕刻与切割路径目录，一般情况下，二维组为一个雕刻路径，三维组为一个雕刻路径。

③ 刀具库：可以编辑添加刀具，一般有两种刀具使用较多，一个是"V"刀，另一个是"H"刀，"V"刀适合雕刻 ABS 板材、双色板等厚度较薄的板材，厚度在 1～2 mm，"H"刀适合雕刻厚度大的板材，厚度在 3 mm 以上的板材，硬度大些的，如密度板、木板、雪弗板、铝塑板等。

在刀具库里面点"编辑刀具"，可以对刀具命名，修改参数，注意命名规格。"V"表示斜刀，"3.175"表示刀直径，"20"表示刀头斜度，"0.2"表示刀头宽度。刀具设置过程如图 5-17、图 5-18 所示。

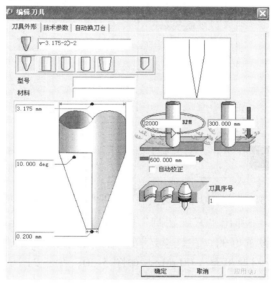

图 5-17　刀具设置过程(一)

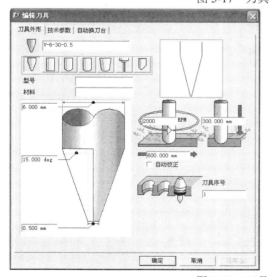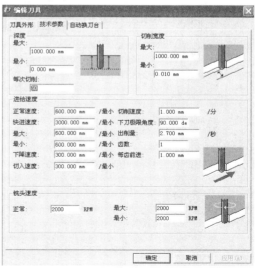

图 5-18　刀具设置过程(二)

(3) 选择全部图形，点击"创建刀具路径"功能菜单，选择"三维组"中的"三维切割"功能，在弹出保存文件窗口，选择文件保存路径即可，如图 5-19 所示。

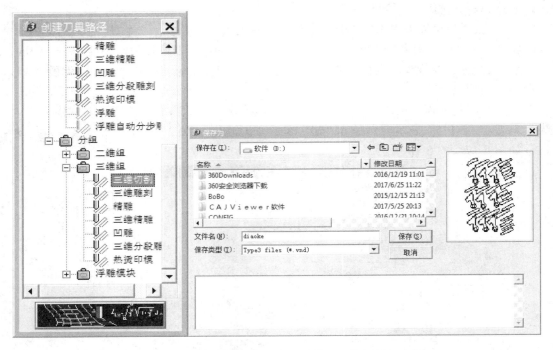

图 5-19 选择"创建刀具路径"下的"三维切割"功能

(4) 设置刀具参数，在弹出"三维切割"窗口，点击 $\boxed{\text{M}}$ 图标，选取刀具，刀具库有两种刀具类型，这是预先设置好的，在这里选择"V"刀，刀具路径参数为 1.00 mm，因为在本案例中使用的 ABS 板材厚度是 1.00 mm，如图 5-20、图 5-21 所示。

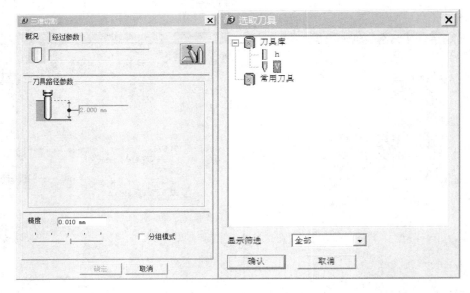

图 5-20 刀具库刀具类型

图 5-21　刀具路径参数为 1 mm

（5）确定之后，这时全部图形外围出现了一圈白色的线条，这是雕刻刀行走路径。在"刀具路径表"目录中出现了"三维切割[001]"的文件，这是一次的雕刻路径。如图 5-22 所示。

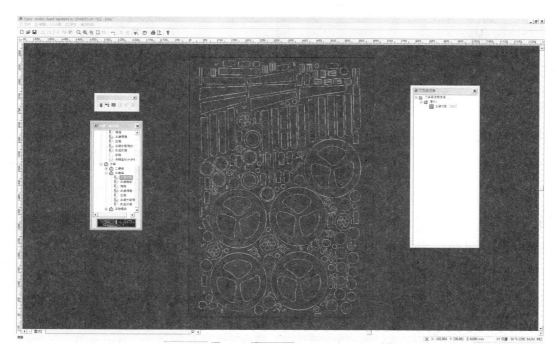

图 5-22　刀具路径

在"三维切割[001]"文字上点击右键，在弹出菜单中选择"机器工作"命令，在弹出"机器工作"窗口，如图 5-23 所示，然后点击"执行"按钮，如图 5-24 所示，在保存路径中找到"diaoke.U00"文件，拷入 U 盘，将 U 盘插入雕刻机识别进行雕刻操作。

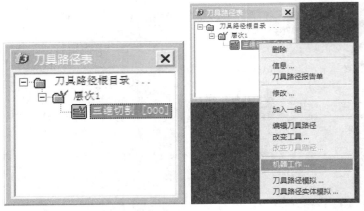

图 5-23 选择"机器工作"命令

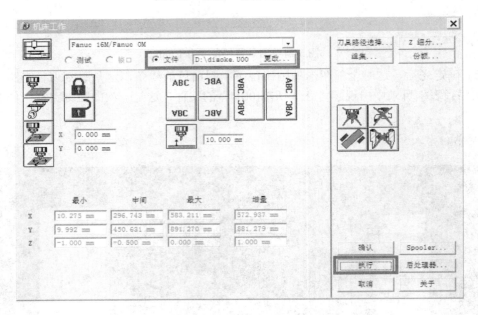

图 5-24 输出 U00 文件

童车模型后续制作环节采用叠加法，包括雕刻机雕刻 ABS 板材、板材粘贴叠加成型、涂抹原子灰、打磨、喷漆等。

5.2 叠 加 法

叠加法指的是采用 ABS 薄板材叠加成型，用 502 胶水粘贴起来，并用打磨工具进行打磨光滑。叠加法所用的 ABS 薄板材一般是雕刻出来的，再叠加成一定的厚度。

如图 5-25 所示的童车主体框架是应用叠加法制作的。叠加法要分解零部件进行雕刻粘贴。先根据自行车结构，将自行车零部件拆解，分解成多个部分，将这些部件的轮廓线提取出来，形成封闭的图形，并确定好具体雕刻的数量以及尺寸，输入雕刻机进行雕刻出来。

这些步骤在本章"5.1 塑料板材雕刻"已经详细讲解。

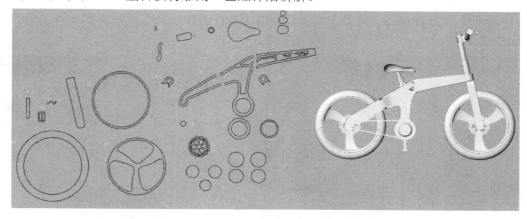

图 5-25 分解零部件并提取轮廓线

1. 雕刻机雕刻 ABS 板材

先裁剪好 ABS 板材，放进雕刻机工作台，用夹具夹住 ABS 板材四周，防止板材在雕刻过程中滑动。然后设置雕刻原点位置，拷入上一步骤生成的 U00 文件，接着开始雕刻。在雕刻过程中注意用工具按住要雕刻零件的周边，避免雕刻过程中零件跑动，造成零件变形失误，在按住零件过程中要注意安全，如图 5-26 所示。

图 5-26 雕刻 ABS 零部件

雕刻出来的零部件如图 5-27 所示。

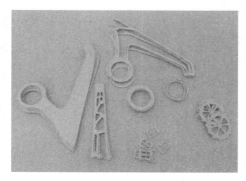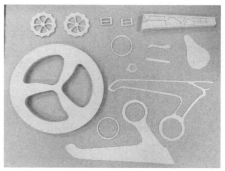

图 5-27 雕刻出来的零部件

2. 车架 ABS 板材粘贴叠加成型

使用 502 强力胶水将车架多个相同造型的零部件叠加粘贴起来，如图 5-28、图 5-29 所示。

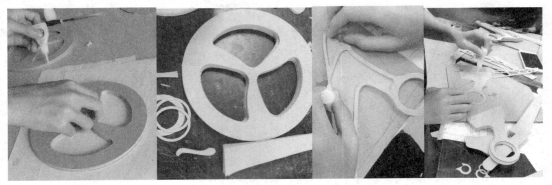

图 5-28　ABS 板材粘贴叠加成型

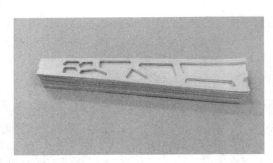
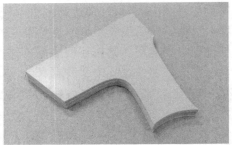

图 5-29　用 502 强力胶水将零部件叠加粘贴起来

3. 车架涂抹原子灰与打磨

叠加粘贴起来的零部件有一定的厚度，但有明显的台阶痕迹，需要用原子灰涂抹在侧面，以遮盖台阶痕迹，并进行打磨光滑，如图 5-30～图 5-32 所示。

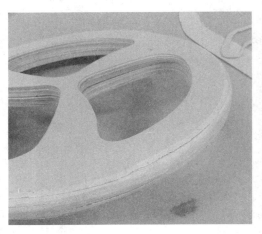

图 5-30　叠加粘贴起来的零部件有明显台阶痕迹

图 5-31　童车主体部分原子灰涂抹(一)

图 5-32　童车主体部分原子灰涂抹(二)

使用什锦锉、圆锉、平锉、砂纸等打磨工具对零部件表面进行打磨，如图 5-33 所示。

图 5-33　童车主体打磨过程

4. 车座部分涂抹

童车车座部分由于是曲面造型，叠加法不适用，现在采用另外一种方法——涂抹塑形法，采用泡沫做基础底型，用油泥涂抹塑形，然后再上原子灰补型，进行打磨光滑。对车座油泥模型进行粗刮和精刮，使其表面光滑之后，便可进行原子灰涂抹。在上原子灰之前，先准备好原子灰涂抹的工具——刮刀。用刮刀将原子灰轻轻涂抹在车座油泥模型表面，原子灰涂抹厚度不要太厚，会影响打磨。等原子灰干了之后进行第一次打磨，并对产品表面的凹坑和孔洞进行涂抹原子灰修补，一般要来回打磨和修补 5～7 次。车座部分制作过程如图 5-34 所示。

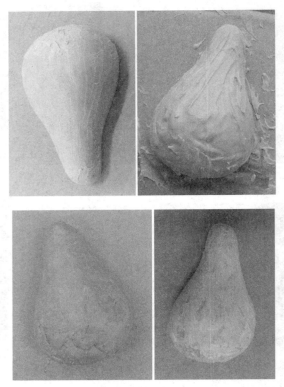

图 5-34　车座部分制作

5．童车其他部分制作

童车其他部分制作包括车把手、车座连接轴等部分，如图 5-35 所示。

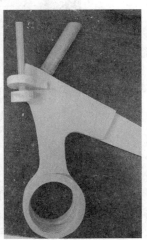

图 5-35　童车其他部分

童车打磨后的效果如图 5-36 所示，喷漆过程如图 5-37、图 5-38 所示。

图 5-36 童车打磨后的效果

图 5-37 喷漆过程(一)

图 5-38 喷漆过程(二)

童车实物模型效果图如图 5-39 所示。

图 5-39 童车实物模型效果

5.3 涂 抹 法

涂抹法，顾名思义是将材料涂抹在模型表面上，形成新的表面效果的方法。在产品模型制作上，涂抹法所用的材料一般是油泥、原子灰两种呈黏稠状的材料。涂抹法模型制作的主要流程：切削泡沫模型或石膏做基础型，加热油泥，用刮刀、小铲刀将黏稠状的油泥涂抹泡沫上，进行塑形，并进行粗刮、精刮，然后再涂抹原子灰，打磨光滑，最后喷漆。涂抹法适合制作曲面较多，造型复杂，用压模、热弯、叠加等方法难以实现的产品模型，如本书中第 9 章的游艇、货轮的船身就是用涂抹法制作的。涂抹法除了制作复杂造型之外，模型的台阶痕迹，模型上沙眼修补、连接处的粘贴与修补都可以用涂抹完成。

5.3.1 案例一：外星人榨汁机模型制作

下面以外星人榨汁机为例说明涂抹法模型制作的应用。

首先制作榨汁机头部，将石膏切削出纺锤形造型，并切削出表面凹凸纹路，如图 5-40、图 5-41 所示。

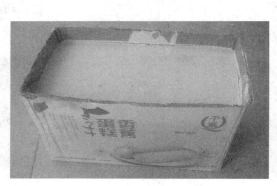

图 5-40　将石膏切削出纺锤形造型

图 5-41　切削出表面凹凸纹路

然后在石膏模型表面上涂抹原子灰，并用锉刀和砂纸打磨光滑，如图5-42、图5-43所示。

图 5-42 在石膏模型表面上涂抹原子灰

图 5-43 打磨原子灰

接下来雕刻榨汁机的支撑脚部分，将雕刻出来的零部件叠加粘贴起来，如图5-44所示。

图 5-44 雕刻支撑脚部分并粘贴起来

最后将榨汁机头部和支撑脚部喷漆，如图5-45所示，头部与支撑脚粘贴组合起来，外星人榨汁机模型整体效果如图5-46所示。

图 5-45　将榨汁机头部和支撑脚部喷漆

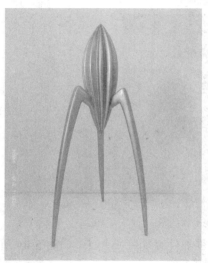
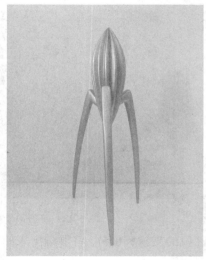

图 5-46　榨汁机模型整体效果

5.3.2　案例二：双连花瓶模型制作

以双连花瓶为案例说明涂抹法模型制作的应用，其制作思路如下：
① 泡沫模型；
② 涂抹油泥、粗刮和精刮；
③ 涂抹原子灰、打磨；
④ 掏空内部形成空腔；
⑤ 喷漆。

1. 泡沫模型制作

根据雕刻出的卡型密度板，在泡沫上画出需要削切的大致轮廓外形，根据画出来的轮廓外形和裁剪出来的尺寸图，对泡沫进行削割，削出来的泡沫外形尺寸要比卡板上的轮廓形状小 2 mm 左右。泡沫模型制作过程如图 5-47、图 5-48 所示。

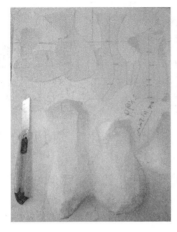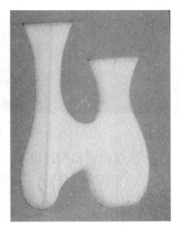

图 5-47　泡沫模型制作过程(一)

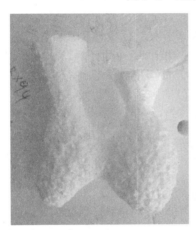

图 5-48　泡沫模型制作过程(二)

2．涂抹油泥与刮平

首先在泡沫上扎孔，使得填敷的油泥能牢固覆盖上去，等第一层油泥冷却硬化后，继续涂抹第二层油泥，要上第三层油泥之前，需要用刮刀把第二层油泥刮平一些。如图 5-49、图 5-50 所示。

图 5-49　涂抹油泥(一)

图 5-50　涂抹油泥(二)

3. 涂抹原子灰与打磨

在通风的环境里将原子灰和固化剂按照 10∶1 的比例搅匀调和，然后将调制好的原子灰均匀地涂抹到油泥花瓶上，第一层原子灰可以涂抹得薄一些，要涂抹均匀，节省后期打磨时间。涂抹均匀后将花瓶放在通风处晾晒，等原子灰干了之后，用锉刀对第一层原子灰进行大致打磨，然后便可以涂抹第二层原子灰。第二层原子灰的涂抹可以厚一些，要涂抹均匀。打磨时先用锉刀进行大体打磨，然后用粗砂纸进行打磨，用粗砂纸打磨时，如果发现哪里有大的凹槽或者大的不平整的地方，便用原子灰进行填补，晾晒之后继续进行打磨。等用粗砂纸打磨到用手摸上去适当光滑之后换中砂纸继续进行打磨，这时发现有小凹槽时可以用补土原子灰进行填补，晾晒之后继续打磨。最后换细砂纸进行打磨，这时建议进行水磨(即在水龙头下或者水里进行打磨)，水磨可以清晰地看到模型上的小洞，这时需要用补土原子灰进行填补。原子灰涂抹过程如图 5-51、图 5-52 所示。

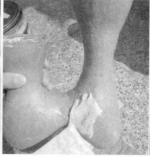

图 5-51　涂抹原子灰(一)

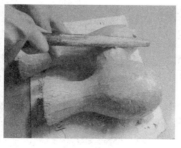

图 5-52　涂抹原子灰(二)

4．掏空内部形成空腔

该模型是花瓶，内部是中空的，需要将内部掏空，形成空腔部分。用热风枪对花瓶内部的泡沫和油泥进行加热，使得油泥在高温条件下熔化流出，内部的泡沫松动，将泡沫取出用小刮刀往花瓶里刮平。等泡沫和油泥大部分取出来之后，可以用纸巾对花瓶内部进行擦拭，过程如图 5-53 所示。

图 5-53　掏空内部形成空腔

将油泥取出并擦拭干净之后，裁剪适合底部缺口大小的 ABS 板，用原子灰将底部和瓶身黏合起来。在用热风枪吹的过程中，因为温度过高，导致之前黏补的补土原子灰起泡变形，或者发现之前涂抹的原子灰厚度不够，需要再涂抹一层原子灰，晾晒之后进行打磨。如图 5-54 所示。

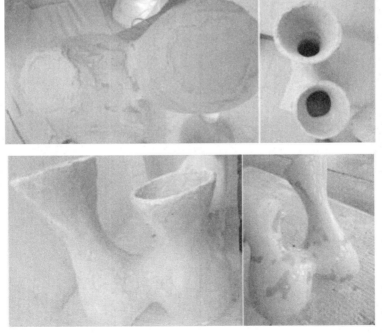

图 5-54　继续修补原子灰与打磨

5. 喷漆

将模型冲洗、晾晒干净之后，就可以进行喷漆。喷漆时要在通风、空旷的室外进行，要在地面上垫上废弃的瓦楞纸或者其他可以防止周围被喷漆污染的东西。喷漆前，先将油漆瓶摇晃 2～3 分钟，然后试在纸上进行第一喷，如果喷出来的是油泥颗粒感比较明显，就继续进行摇晃油漆瓶，直至喷出来的漆是均匀散开的。喷漆总共要喷上三到四层，每层相隔三到五分钟，如果天气不好空气潮湿，则每层喷漆相隔 8～10 分钟。喷第一层漆时，出漆口与物品的距离大约 30 cm，喷漆过程如图 5-55 所示。

图 5-55　喷漆过程

双连花瓶实物模型效果如图 5-56 所示。

图 5-56　双连花瓶实物模型效果

5.4 压模法

压模法是塑料模型制作常用的方法，适用于制作曲面造型模型。压模法是指用辅助工具将烤软的 ABS 薄板材用外力压在石膏模型上，从而形成凸起来的曲面造型。压模法需要准备三样东西，即石膏模型、压模用密度板和压模用的 ABS 薄板材，如图 5-57 所示。

图 5-57　压模需要的密度板和石膏

(1) 石膏模型：根据图纸切削石膏模型，要将石膏模型表面打磨光滑，满足拔模斜度，压模之后能顺利取出石膏模型。对于曲面较为丰富的模型，根据所选用板材的厚度，一般先制作减去材料厚度的石膏凸模(即凸模尺寸略小于模型尺寸)。

(2) 压模用密度板：中间镂空形状是石膏模型轮廓还要大 2～3 mm，考虑板材的厚度，密度板一般选用 5 mm 厚，厚度适中，方便拿握。

(3) 压模用 ABS 薄板材：厚度一般为 1 mm、1.5 mm，厚度大的板材适合压高度高些的模型，但烘烤时间要长些，压模前根据石膏模型体积尺寸裁好，如图 5-58 所示。

图 5-58　压模前先裁好 ABS 板材

如图 5-59 所示的体育场馆模型顶棚是用压模法制作的，压模用的石膏模型、密度板如图 5-60 所示。

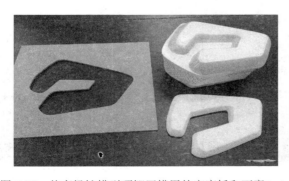

图 5-59　体育场馆模型顶棚压模用的密度板和石膏(一)

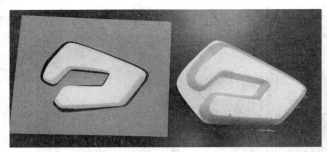

图 5-60   体育场馆模型顶棚压模用的密度板和石膏(二)

压模法的步骤如下：

(1) 加热。首先将板材放置到烘箱中加热，加热温度和时间视材料的厚度而定，通常比较薄的塑料板材温度控制在 100～120℃，厚的板材则为 150～170℃，加热 15 min 左右。ABS 板材加入烘箱中，四周边缘要用小金属块压住，在加热过程中，ABS 板材四周会慢慢翘起卷边，不利于压模。在加热过程中也可以戴上手套用夹钳翻看塑料的软化程度，如图 5-61 所示。

图 5-61   ABS 板材加热

(2) 压模。压模之前，先将石膏模型放置到完全平稳的水平桌面上，将已软化了的塑料板从烘箱中取出后迅速放置在石膏模型上，此时最好三人合作，两个人拉着烤软的 ABS 板，用点力拉平，不能过于用力，压模过程会裂开，第三个人将密度板的镂空部分对准石膏模型，并用力向下按压，压到最底下，并用力将塑料板抚平滑，压模过程如图 5-62～图 5-64 所示。

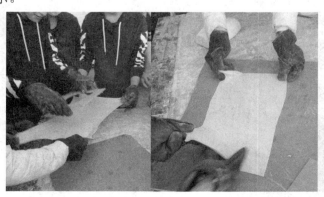

图 5-62   压模过程(一)

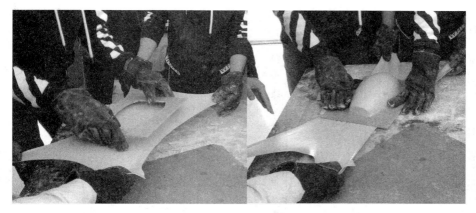

图 5-63　压模过程(二)

图 5-64　压模过程(三)

　　待塑料板材冷却以后，就将阳模与塑料板材分开，得到初步制作的产品曲面，如图 5-65 所示。

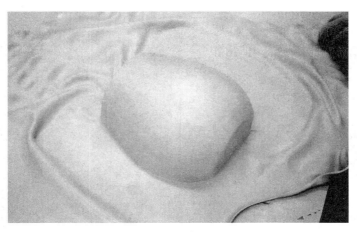

图 5-65　压模成功的曲面

(3) 裁剪边缘。对于薄的塑料板材，用大剪刀沿距边缘线 2～3 mm 剪下，如果是厚的塑料板材，就需要使用曲线锯来加工了，如图 5-66 所示。

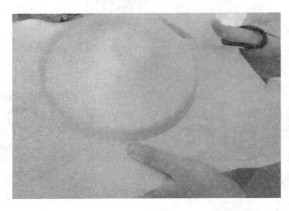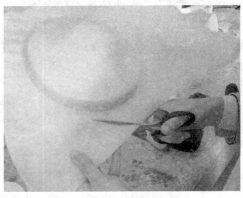

图 5-66　裁剪边缘

下面以一个蘑菇台灯为案例演示压模法制作的过程。该台灯的灯罩和灯身主体都是通过压模完成的，灯身主体属于圆周曲面，需要压模一半，压模两次进行拼接。灯罩部分压模制作过程如图 5-67、图 5-68 所示。

图 5-67　灯罩部分压模制作过程(一)

图 5-68　灯罩部分压模制作过程(二)

灯罩部分曲面裁剪和喷漆如图 5-69 所示。

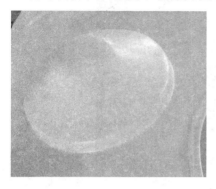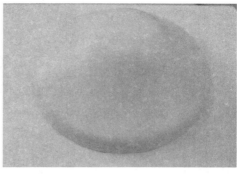

图 5-69　灯罩部分曲面裁剪和喷漆

接下来是灯身部分制作。灯身主体压模制作先压模一半，如图 5-70 所示。

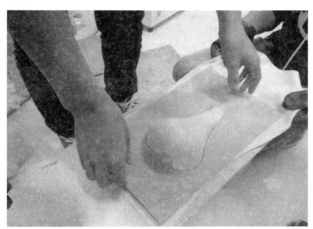

图 5-70　灯身部分制作(一)

将两半的灯身主体切割荷叶边，打磨光滑，并用原子灰进行粘贴，如图 5-71 所示。

图 5-71　灯身部分制作(二)

台灯模型整体效果如图 5-72 所示。

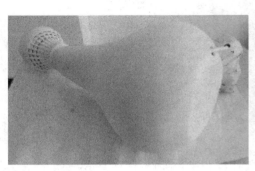

图 5-72　蘑菇台灯整体效果

5.5　热　弯　法

　　根据塑料的热塑性，借助热风枪和石膏模具进行热弯成型，热弯适合制作较为规则曲面，利用热弯法可以在曲面上做镂空花纹，这是压模法无法做到的，如图 5-73 所示的模型的镂空曲面就是热弯法制作的。热弯法的制作思路为：先做好石膏模型，然后雕刻好 ABS 板材，如有镂空图案可一起雕刻出来，接下来将雕刻好的 ABS 板材贴着石膏模型弯曲，需要借助热风枪吹烤弯，ABS 板材的起点和终点用原子灰或 502 胶水粘贴在一起即可。

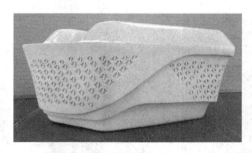
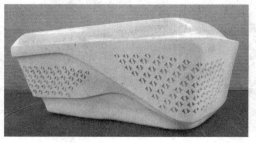

图 5-73　热弯镂空曲面模型

ABS 板材热弯法需要借助磨具进行热弯，还要固定，如图 5-74 所示。

图 5-74　ABS 板材热弯

　　下面以文化馆建筑造型为案例演示热弯法制作过程。该文化馆建筑曲面造型较多，需要分段热弯，先制作石膏模型，雕刻好 ABS 板材，用电吹风作为辅助工具，在石膏造型上进行热弯，制作过程如图 5-75～图 5-78 所示。

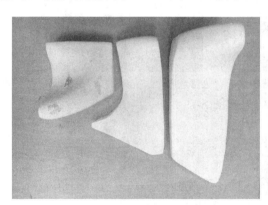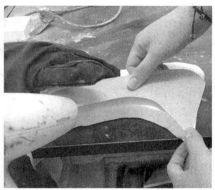

图 5-75　文化馆建筑造型热弯过程(一)

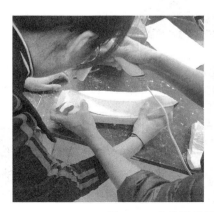

图 5-76　文化馆建筑造型热弯过程(二)

图 5-77 文化馆建筑造型热弯过程(三)

图 5-78 文化馆建筑造型热弯过程(四)

将雕刻好的侧面镂空造型粘贴进去，效果如图 5-79 所示。

图 5-79 将雕刻好的侧面镂空造型粘贴进去

粘贴好后的 ABS 板有明显的空隙，需要将外面一层打磨光滑，里面一层用原子灰涂抹。涂抹原子灰打磨后还有一些细小的洞，需要用补土来进行下一步打磨，如图 5-80～图 5-84 所示。

图 5-80　修补原子灰

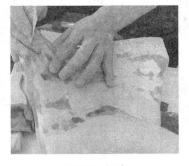

图 5-81　打磨

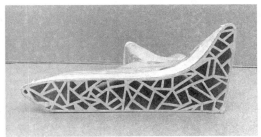

图 5-82　打磨好的效果图

粘贴磨砂贴纸和灯带，如图 5-83 所示。

图 5-83　粘贴磨砂贴纸和灯带

模型喷漆过程如图 5-84 所示。

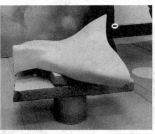

图 5-84　模型喷漆过程

文化馆建筑造型实物模型效果如图 5-85 所示。

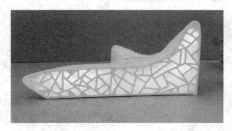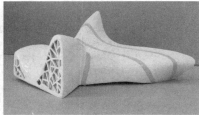

图 5-85　文化馆建筑造型实物模型效果

第三部分 实践

第6章　生活用品模型制作实践

【学习目标】

通过本章撑习，了解四个生活用品模型的制作过程；体会突出产品模型制作思路清晰性、制作方法科学性、制作过程应用性和完整性的方式；掌握生活用品模型的形态分析能力，提高形象思维与造型创意能力；能合理选用合适材料，灵活使用辅助软件与工具完成模型制作，培养独创思维的能力以及具有热爱科学，实事求是的学风和创新意识、创新精神。

【内容提要】

(1) 红酒架模型制作；
(2) 戴森吹风机模型制作；
(3) 胶囊咖啡机模型制作；
(4) "印山"台灯模型制作。

【重点、难点】

重点：小型产品模型制作时选用合理的模型制作方法、材料和工具。
难点：小型产品模型制作思路分析、模型制作过程中问题的解决能力。

6.1　红酒架模型制作

红酒架模型造型曲面较多，制作上主要采用涂抹法，整体模型以泡沫模型为基础型，采用"油泥＋原子灰"涂抹塑形为主。模型主要的制作思路如下：
① 红酒架泡沫模型制作；
② 红酒架油泥模型制作；
③ 红酒架原子灰涂抹与打磨；
④ 模型喷漆。
红酒架效果图如图 6-1 所示，红酒架实物模型如图 6-2 所示。

图 6-1　红酒架效果图

图 6-2　红酒架实物模型

6.1.1　红酒架泡沫模型制作

准备好设计的完整图纸(草图、三视图并注明主要尺寸)，根据图纸尺寸，用泡沫切割机切割泡沫，得到红酒架的大体骨架。泡沫易切割成型，是涂抹法制作模型最常用到的方法之一，如图 6-3 所示。

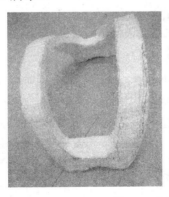

图 6-3　红酒架泡沫模型

6.1.2　红酒架油泥模型制作

用泡沫做出模型的大体骨架后，接下来的步骤是往泡沫模型骨架上涂抹油泥，这是涂抹法制作模型较为重要的步骤之一。油泥易成型，可根据自己的想法快速调整形状；油泥不会腐蚀泡沫，可防止后续步骤中用到的原子灰腐蚀泡沫。通过粗刮和精刮油泥，修整表面，经过多次刮补，修出理想的外形。

　　将烘箱的最高温度设为 120℃，在 120℃的温度下将油泥放进烤箱约 10～15 分钟，如图 6-4 所示，直至油泥呈黏稠状，然后将油泥取出，迅速且均匀地将油泥涂抹在泡沫模型骨架上，并进行粗刮，如图 6-5 所示。

图 6-4　油泥切小块烘烤

图 6-5　涂抹油泥并进行粗刮

　　粗刮油泥造型之后，根据造型填补油泥，然后进行精细刮油泥，要确保模型表面造型光滑平整。红酒架模型多次刮补油泥，才能修出理想的造型，要保证油泥完全包裹住泡沫，因为接下来使用的原子灰会腐蚀泡沫，油泥刮得越好，涂抹原子灰效率就越高，如图 6-6 所示。

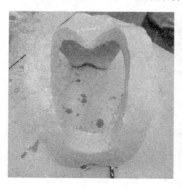

图 6-6　多次修补模型

油泥模型精刮过程中需要放入酒瓶来模拟实际使用效果，并根据酒瓶放置的状态修改模型，如图 6-7 所示。

图 6-7　放入酒瓶来模拟实际使用效果

接下来制作红酒架的底板，采用厚 PVC 板，根据造型需要，切割打磨 PVC 板，并粘贴在油泥模型上，如图 6-8 所示。

图 6-8　切割打磨 PVC 板

6.1.3　红酒架原子灰涂抹与打磨

以原子灰与固化剂比例约为 10∶1 的剂量搅拌均匀，然后用工具在油泥模型表面均匀抹上原子灰，待干后用锉刀打磨，如图 6-9 所示。

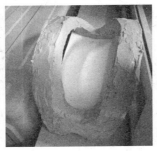

图 6-9　涂抹原子灰

第一次涂抹的原子灰比较粗糙，可先使用砂轮机将粗糙部位稍加打磨，如图6-10所示，再使用锉刀打磨，如图6-11所示。打磨时应留意造型是否到位，保证造型的准确性。前期打磨可使用机器，以加快打磨速度。

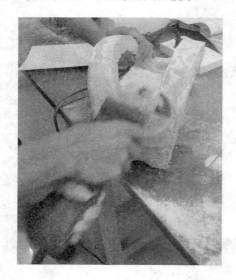

图6-10　砂轮机打磨

图6-11　锉刀打磨

经过反复打磨(机器打磨、锉刀打磨、砂纸打磨)，直到把原子灰打磨光滑，用湿抹布擦拭原子灰表面来检验原子灰是否已经光滑。用水清理打磨后的模型的表面灰尘，并用吹风机吹干，检查第一次打磨后是否有大的坑洼、较为不平整的部位，以便后期能更明确打磨的细节，如图6-12所示。

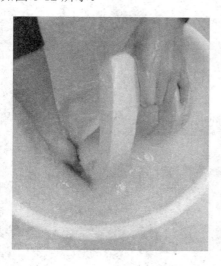

图6-12　清洗模型检验表面光滑程度

底部上原子灰时比较粗糙，造型上是水平面，因此前期使用机器打磨，能打磨出更令人满意的效果。砂轮机打磨底部的过程如图6-13所示。

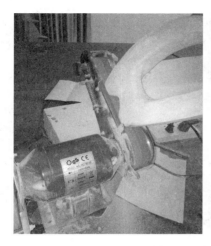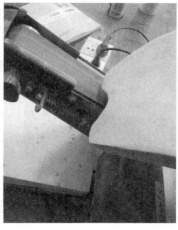

图 6-13　打磨底部

　　模型修补：红酒架造型有些地方由于过度打磨露出了油泥，需要修补，将油泥挖去一些，将该部位适当扩大，利于原子灰的附着。如图 6-14 所示。

图 6-14　模型修补

　　补原子灰：在前面挖好坑的部位，以及其他需要补原子灰的部位填补原子灰。待原子灰干后用锉刀，粗、细砂纸打磨，打磨到基本没什么坑洼后，洗干净吹干，再检查模型整体，……重复此步骤直到模型整体光滑度达到理想的效果，如图 6-15、图 6-16 所示。

图 6-15　继续填补原子灰(一)

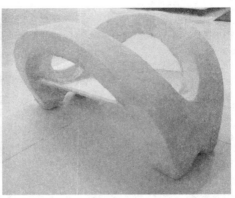

图 6-16 继续填补原子灰(二)

继续打磨模型,用砂轮机、锉刀配合打磨机打磨表面和背面,如图 6-17~图 6-19 所示。

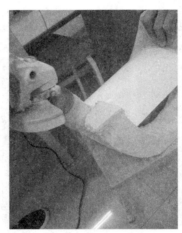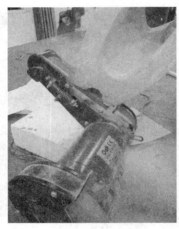

图 6-17 继续打磨模型(一)

图 6-18 继续打磨模型(二)

图 6-19   继续打磨模型(三)

打磨好的效果如图 6-20 所示。

图 6-20   打磨好的效果

制作斜拉绳索部分：用完墨水的水性笔笔芯作为斜拉绳索部分，切出合适长度，先用 502 胶水粘到红酒架上，再用原子灰粘好加固，打磨光滑，如图 6-21 所示。

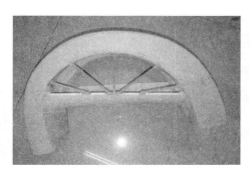

图 6-21   制作斜拉绳索部分

6.1.4 喷漆

喷漆前，先摇晃喷漆罐 30 s 以上，增大瓶内压力，使漆均匀喷出。喷漆时，喷瓶距离模型大概 40 cm，并按照模型的走向来喷。应在白天喷漆，且应选择光照亮度高的场所，一边喷漆一边观察喷漆不均匀的地方，并及时调整。喷漆要反复一次到两次，目的是加厚，因为一次性喷得过多会致使漆流下形成"泪痕"或者后期会起泡，影响整体效果。喷漆过程如图 6-22、图 6-23 所示。红酒架模型整体效果如图 6-24、图 6-25 所示。

图 6-22　喷漆过程(一)

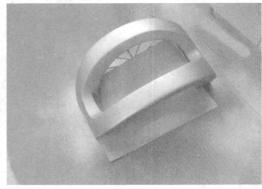

图 6-23　喷漆过程(二)

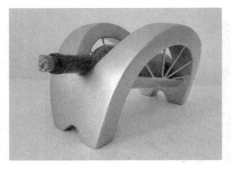
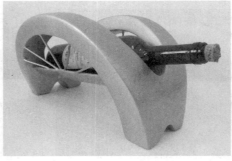

图 6-24　红酒架模型整体效果(一)

图 6-25　红酒架模型整体效果(二)

6.2　戴森吹风机模型

戴森吹风机造型较为理性，制作主要采用"压模法"+"涂抹法"，风筒部分采用压模为主，手柄部分采用水管钻孔。模型主要的制作思路如下：

① 风筒部分制作；

② 手柄部分制作。

戴森吹风机产品如图 6-26 所示，吹风机实物模型如图 6-27 所示。

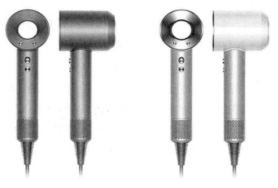

图 6-26　戴森吹风机产品

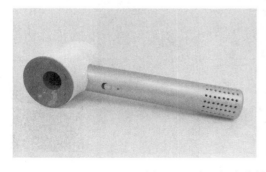

图 6-27　吹风机实物模型

6.2.1　风筒部分制作

　　吹风机风筒部分分为三段，前盖、后盖、主体部分，其中前盖和后盖采用"压模法"制作，主体部分采用水管连接。吹风机风筒部分前盖和后盖石膏模型制作如图 6-28 所示。

图 6-28　风筒部分前盖和后盖石膏模型制作

　　将风筒部分前盖和后盖石膏模型用 2000 目砂纸打磨光滑，等干透之后，开始下阶段工作——压模。ABS 板材压模前须准备三件东西：石膏模型、裁好的 ABS 板材、用于压模的密度板。在本案例中风筒部分前盖和后盖石膏模型已经准备就绪，用于压模的 ABS 板材厚 1 mm，可根据压模的产品大小裁好，一般多预留尺寸。用于压模的密度板，中间是镂空的，镂空的形态与压模的石膏轮廓是一致的，要比石膏模型大 2～3 mm，方便压模。压模过程如图 6-29 所示。

图 6-29　压模过程

接下来裁下前、后盖周边的荷叶边，打磨平整，并切开中间的圆孔部分，如图 6-30、图 6-31 所示。

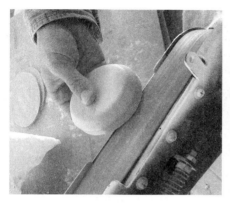

图 6-30　打磨前、后盖边缘

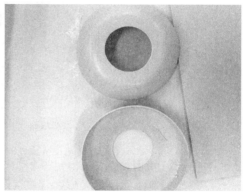

图 6-31　切开中间的圆孔部分

然后装上主体部分，主体部分是水管，当然尺寸刚好合适才行。前、后盖与主体接合处要用原子灰修补，并打磨平整，以保证造型衔接光滑，如图 6-32～图 6-34 所示。

图 6-32　风筒部分整体效果

图 6-33　前、后盖与主体接合处用原子灰修补效果

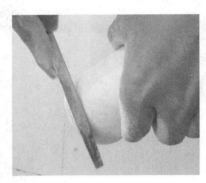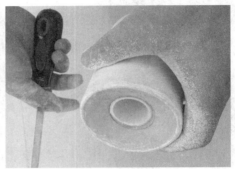

图 6-34　接合处打磨光滑

6.2.2　手柄部分制作

　　吹风机手柄整体也是水管材料。在模型制作中，能用现有材料最好，既省去重新制作的麻烦，而且效果也不错。吹风机的进风口部分在手柄底部，由一排小孔组成，需要手动钻孔。先量好尺寸，做好孔洞的位置标记，标出圆心位置，然后用台钻一个个钻孔，如图 6-35 所示。

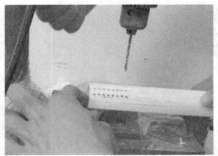

图 6-35　手柄进风口制作

　　接下来将钻好进风孔的手柄与风筒黏结组合在一起，接合处用原子灰黏结，如图 6-36 所示。

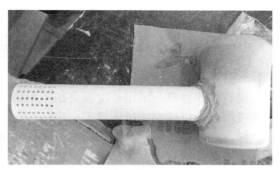

图 6-36　手柄与风筒的黏结组合

最后为吹风机喷漆，整体采用遮挡喷漆，如图 6-37 所示。

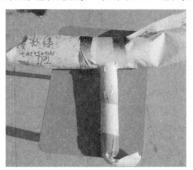

图 6-37　遮挡喷漆

吹风机模型的整体效果如图 6-38、图 6-39 所示。

图 6-38　吹风机模型整体效果(一)

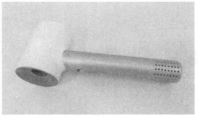

图 6-39　吹风机模型整体效果(二)

6.3 胶囊咖啡机模型制作

咖啡机模型制作思路：采用密度板叠加、ABS 热弯成型，局部采用原子灰涂抹塑形。密度板叠加成型部分包括咖啡机的提手、底座等；ABS 热弯成型部分包括咖啡机的中圈镂空、咖啡字样、底座包边等；涂抹塑形部分包括底座、提手等。密度板之间用 502 胶水黏合，再涂抹原子灰并进行打磨，达到塑形稳定的作用。

咖啡机制作步骤如下：

① 拆解咖啡机模型零部件；

② 导入 Coreldraw 封闭填色；

③ 导入 Type 3 设置雕刻参数；

④ 咖啡机主体造型制作；

⑤ 涂抹原子灰、打磨；

⑥ 组装喷漆。

咖啡机效果图如图 6-40 所示，咖啡机实物模型如图 6-41 所示。

图 6-40　咖啡机效果图

图 6-41　咖啡机实物模型

6.3.1 拆解咖啡机模型零部件

根据咖啡机结构，在 Rhino 软件中将咖啡机零部件拆解，分解成多个部件，将这些部件的轮廓线提取出来，形成封闭的图形，并确定好这些部件要雕刻的数量以及尺寸，如图 6-42 所示。

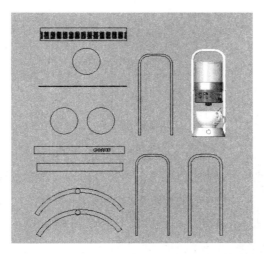

图 6-42　将咖啡机零部件拆解并提取图形轮廓线

6.3.2 导入 Coreldraw 封闭填色

将用 Rhino 软件提取的图形轮廓线按 DWG 格式导出，并将该文件导入到 Corledraw 进行封闭填色。ABS 板材雕刻和密度板雕刻分开制作，如图 6-43 所示。

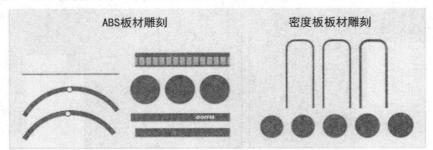

图 6-43　将图形导入 Corledraw 进行封闭填色

6.3.3 导入 Type 3 设置雕刻参数

1. 密度板雕刻

(1) 将 Coreldraw 导出的 EPS 格式文件导入 Type 3 软件中。这样封闭图形才能切割出来，如图 6-44 所示。

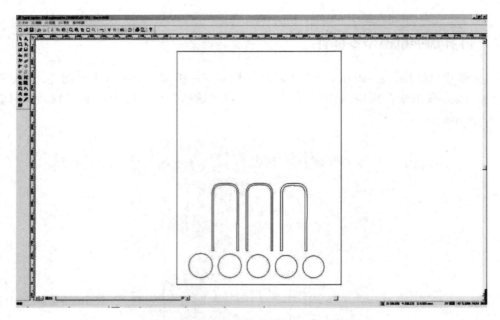

图 6-44　EPS 格式文件导入 Type 3 软件

(2) 点击图标 ![icon]，进入 CAM 模块，如图 6-45、图 6-46 所示。

图 6-45　CAM 模块(一)

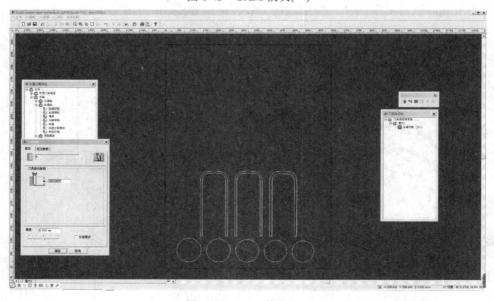

图 6-46　CAM 模块(二)

Type 3 CAM 模块功能部分如图 6-47 所示。

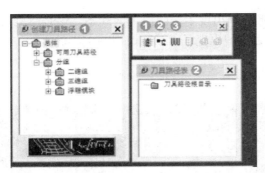
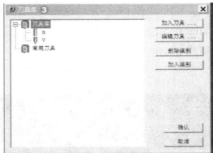

图 6-47　Type 3 CAM 模块功能

(3) 选择全部图形，点击"创建刀具路径"功能菜单，选择"三维组"中的"三维切割"功能，在弹出的保存文件窗口，选择文件保存路径即可，如图 6-48 所示。

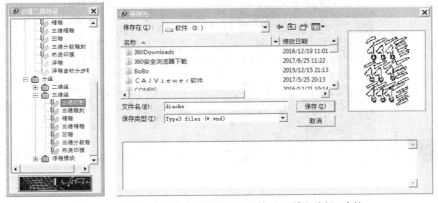

图 6-48　选择"创建刀具路径"下的"三维切割"功能

(4) 设置刀具参数，在弹出的"三维切割"窗口，点击 图标，选取刀具。刀具库有两种刀具类型，这是预先设置好的，在这里选择"H"刀，适合切割厚度大于 2 mm 的板材，如密度板、铝塑板等。刀具路径参数(下刀深度)为 5.00 mm，因为在本案例中使用的密度板是 5.00 mm 厚的。具体如图 6-49 所示。

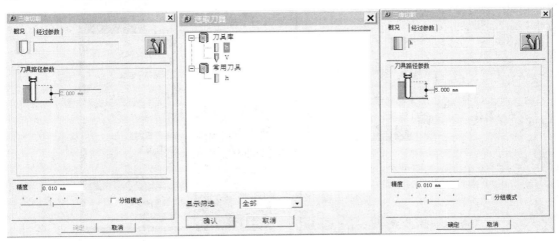

图 6-49　设置刀具参数

(5) 以上步骤操作之后，这时全部图形外围出现了一圈白色的线条，这是雕刻刀行走路径，如图 6-50 所示。在"刀具路径表"目录中出现了"三维切割[001]"的文件，这是一次的雕刻路径。

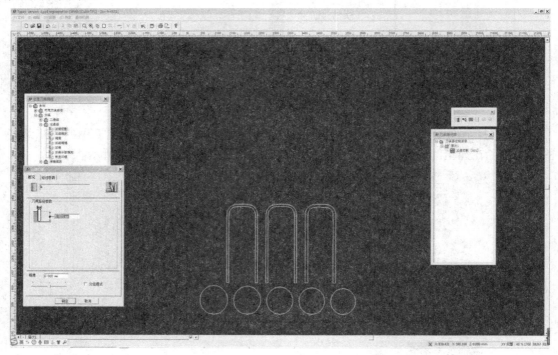

图 6-50　图形外围出现了一圈绿色的刀具路径

　　然后在"三维切割[001]"文字上点击右键，在弹出菜单中选择"机器工作"命令，弹出"机器工作"窗口，如图 6-51 所示。最后点击"执行"按钮，如图 6-52 所示，在保存路径中找到"diaoke.U00"文件，将该文件拷入到 U 盘。

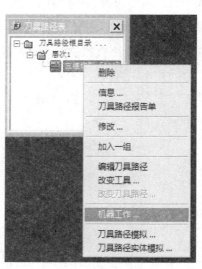

图 6-51　选择"机器工作"命令

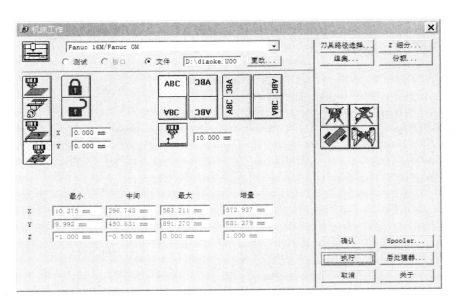

图 6-52　点击"执行"按钮

2．ABS 板材雕刻

(1) 将 Coreldraw 导出的 EPS 格式文件导入 Type 3 软件中，如图 6-53 所示，这样封闭图形才能切割出来。如图 6-53 所示。

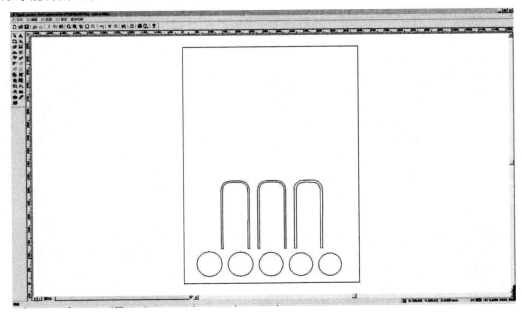

图 6-53　EPS 文件导入 Type 3 效果

(2) 点击图标 ，进入 CAM 模块，选择全部图形，点击"创建刀具路径"功能菜单，选择"三维组"中的"三维切割"功能，保存文件窗口，选择文件保存路径即可。

(3) 设置刀具参数，在弹出"三维切割"窗口，点击 图标，选取刀具。刀具库有两种刀具类型，这是预先设置好的，在这里选择"V"刀，适合雕刻薄塑料板材，如 ABS、双色板等。刀具路径参数为 1.00 mm，因为在本案例中使用的 ABS 板材是 1.00 mm 厚的，如图 6-54 所示。

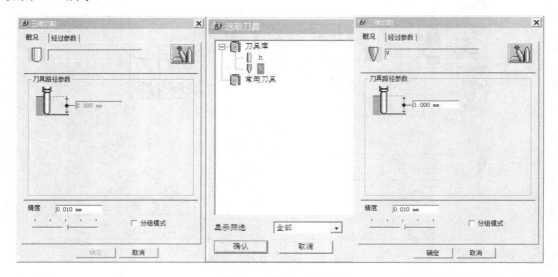

图 6-54　设置刀具参数

确定之后，这时全部图形外围出现了一圈白色的线条，这是雕刻刀行走路径，如图 6-55 所示。在"刀具路径表"目录中出现了"三维切割[001]"的文件，这是一次的雕刻路径。

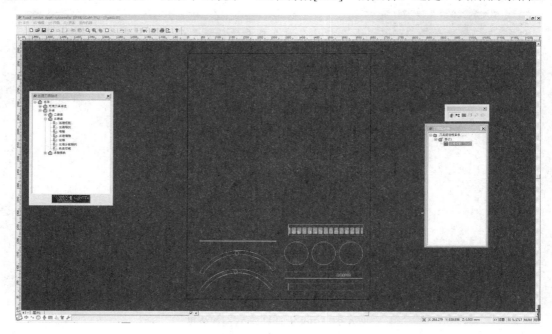

图 6-55　生成雕刻刀行走路径

然后在"三维切割[001]"文字上右键点击，在弹出菜单中选择"机器工作"命令，弹出"机器工作"窗口。最后点击"执行"按钮，如图 6-56 所示，在保存路径中找到"diaoke.U00"文件，将该文件拷入到 U 盘。

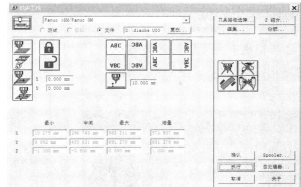

图 6-56　生成"diaoke.U00"文件

3．雕刻机雕刻 ABS 板材

裁剪好 ABS 板材和密度板，放进雕刻机工作台，用夹具夹住 ABS 板材和密度板四周。防止在雕刻过程中滑动。ABS 板材和密度板分开雕刻，设置雕刻原点位置，拷入上一步骤生成的 U00 文件，开始雕刻。雕刻板材前的准备工作如图 6-57～图 6-60 所示。

图 6-57　ABS 板材　　　　　　　　　　　图 6-58　密度板

图 6-59　ABS 板材使用 V 刀　　　　　　图 6-60　密度板使用 H 刀

主要雕刻零部件如图 6-61 所示。

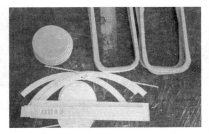

图 6-61　主要雕刻零部件

6.3.4 咖啡机主体造型制作

1. 咖啡机底座密度板粘贴叠加成型

将雕刻出来的相同造型的密度板叠加起来，用 502 胶水或其他塑料黏合剂粘贴起来，如图 6-62 所示。

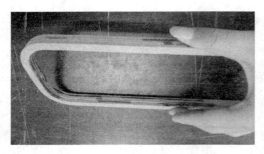

图 6-62　密度板粘贴叠加成型

制作咖啡机底座部分，将组成底座的多个圆形密度板粘贴起来，涂抹原子灰，打磨光滑，制作过程如图 6-63、图 6-64 所示。

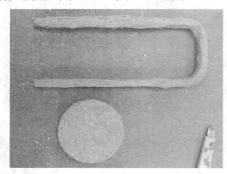

图 6-63　咖啡机底座部分制作(一)

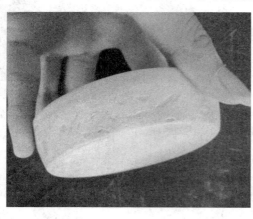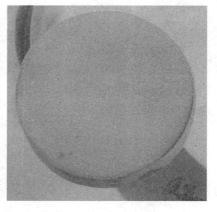

图 6-64　咖啡机底座部分制作(二)

2. 咖啡机主体 ABS 板材热压成型

将雕刻出来的咖啡机主体 ABS 板材依附在石膏或者物体表面，用吹风机或者加热枪加热，使 ABS 板材变软，并与 502 胶水黏结使之能固定成型。热弯过程如图 6-65、图 6-66 所示，主体 ABS 热弯效果如图 6-67、图 6-68 所示。

图 6-65　ABS 板材热压成型(一)

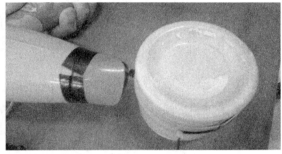

图 6-66　ABS 板材热压成型(二)

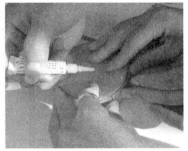

图 6-67　ABS 热弯粘贴定型

图 6-68　咖啡机主体 ABS 热弯效果

6.3.5 涂抹原子灰、打磨

叠加起来的 ABS 板材和密度板有明显的"台阶"痕迹，需要将外面一层打磨光滑，里面一层用原子灰涂抹。零部件涂抹原子灰过程如图 6-69 所示。

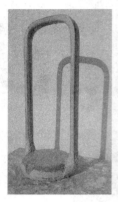

图 6-69　零部件涂抹原子灰

等原子灰干了之后进行第一次打磨，并对产品表面的凹坑和空洞进行涂抹原子灰修补，一般要来回打磨和修补 5～6 次。打磨与修补过程如图 6-70 所示。

图 6-70　零部件打磨过程

咖啡机喷漆前整体效果如图 6-71 所示。

图 6-71　咖啡机喷漆前整体效果

6.3.6　组装喷漆

温馨提示：油漆有毒，喷漆时一定要戴口罩。

喷漆之前，戴好口罩，手摇喷漆 3～5 分钟，正式喷漆的时候，先在物体以外试着喷一下，一边喷一边手在摇动，喷漆的与物体之间距离大概在 30 cm 左右，切记不要停留在一个地方喷，应围绕着物体喷。喷漆是一层一层叠加的，所以要分几次来喷，喷完一次之后，过 10～30 分钟后再喷，直到符合要求为止。

咖啡机整体喷漆总共分 5 步：

(1) 提手和底座喷漆，如图 6-72 所示。提手和底座一起喷漆，喷漆色彩为银灰色。

图 6-72　提手和底座喷漆效果

(2) 咖啡机顶部喷漆。

喷漆之前，需要用美纹胶把不需要喷漆地方遮盖起来，以免油漆喷到其他地方，如图 6-73 所示。咖啡机顶部喷漆色彩为白色。

图 6-73　咖啡机顶部喷漆

(3) 镂空处和出水口喷漆。

喷漆之前，需要用美纹胶把不需要喷漆地方遮盖起来，以免油漆喷到其他地方，如图 6-74 所示。镂空处和出水口喷漆色彩为深灰色。

图 6-74　镂空处和出水口喷漆

（4）贴纸喷漆与粘贴。

将贴纸喷成深灰色，贴贴纸的时候，一定要提前量好尺寸，贴的时候要慢慢地进行，如图 6-75 所示。

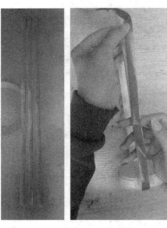

图 6-75　贴纸喷漆与粘贴

（5）中间"咖啡浮雕处"喷漆。

喷之前，需要用美纹胶把除了要喷漆以外的所有地方盖起来，以免油漆喷到其他地方。这一步，需要等两边的油漆都干之后，才可以贴美纹胶。中间"咖啡浮雕处"喷漆色彩为银色，如图 6-76 所示。

图 6-76　中间"咖啡浮雕处"喷漆

咖啡机模型整体效果如图 6-77～图 6-79 所示。

图 6-77 咖啡机模型整体效果(一)

图 6-78 咖啡机模型整体效果(二)

图 6-79 咖啡机模型整体效果(三)

6.4 "印山"台灯模型制作

"印山"系列台灯以"山"、"云"为元素，包括两个单体台灯。台灯大体造型采用ABS＋密度板叠加成型，局部采用原子灰涂抹塑形，两个台灯模型叠加成型部分包括 6 片山形 ABS 薄板材、4 片密度板以及两个底座，涂抹塑形部分主要是叠加后的灯框、底座边缘。

"印山"台灯模型制作步骤如下：

① 拆解台灯部件；

② 导入 Coreldraw 封闭填色；

③ 导入 Type 3 设置雕刻参数；

④ 板材雕刻；

⑤ 台灯主体造型制作；

⑥ 模型喷漆。

台灯 3D 数字化模型如图 6-80 所示，3D 图纸示意图如图 6-81 所示，台灯效果图如图 6-62 所示，台灯实物模型如图 6-83、图 6-84 所示。

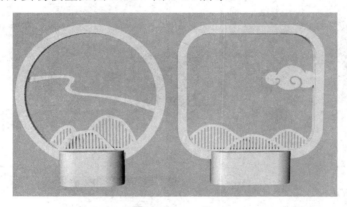

图 6-80　台灯 3D 数字化模型

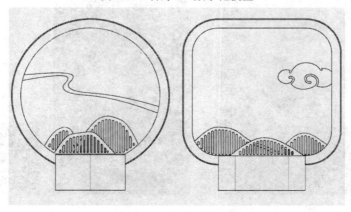

图 6-81　3D 图纸示意图

图 6-82　台灯效果图

图 6-83　台灯实物模型效果(一)

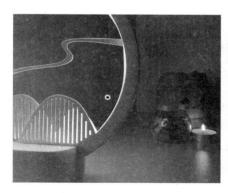

图 6-84　台灯实物模型效果(二)

6.4.1　拆解台灯部件

根据台灯结构,将台灯零部件拆解,分解成多个部件,将这些部件的轮廓线提取出来,形成封闭的图形,并确定好这些部件要雕刻的数量以及尺寸,方便后期输入 Corledraw 进行封闭填色。两个台灯零部件拆解如图 6-85 所示。

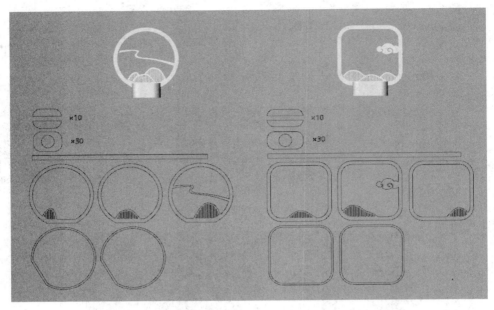

图 6-85　两个台灯零部件拆解

6.4.2　导入 Coreldraw 封闭填色

　　本案例使用的啄木鸟雕刻机雕刻幅面是 65 cm×90 cm，所以在 Coreldraw 软件中也要设置版面大小为 65 cm×90 cm，并在版面上下左右各预留约 2 cm 的空白边。两个台灯零部件导入 Coreldraw 填色效果如图 6-86 所示。

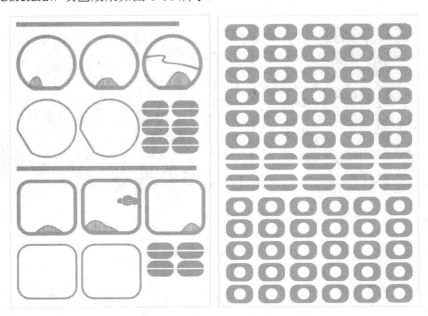

图 6-86　台灯零部件导入 Coreldraw 填色效果

6.4.3 导入 Type 3 设置雕刻参数

导入 Type 3 设置雕刻参数的操作步骤如下：

(1) 将 Coreldraw 导出的 EPS 格式文件导入到 Type 3 软件中，如图 6-87 所示，封闭图形才能切割出来。

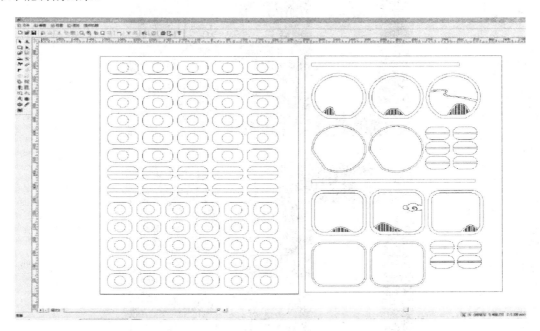

图 6-87　EPS 文件导入 Type 3 效果

(2) 在 CAM 模块里面，设置刀具参数，在弹出"三维切割"窗口，点击 ![icon] 图标，选取刀具，刀具库有两种刀具类型，这是预先设置好的，在这里选择"V"刀，在本案例中使用的 ABS 板材厚度是 1.00 mm，如图 6-88 所示。

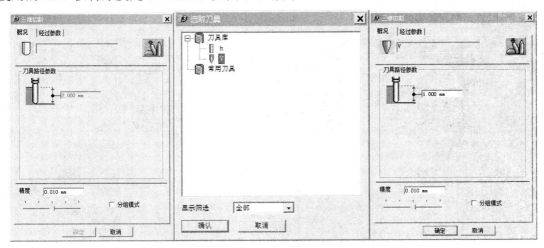

图 6-88　设置刀具参数

(3) 设置刀具路径，如图 6-89 所示。

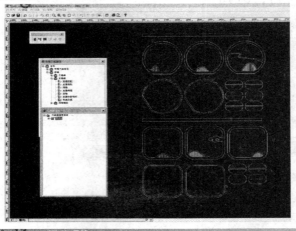

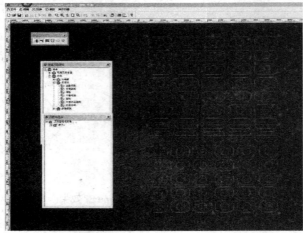

图 6-89　设置雕刻路径

(4) 在"机器工作"窗口，点击"执行"按钮，在保存路径中找到"diaoke.U00"文件，将该文件拷入 U 盘，如图 6-90 所示。

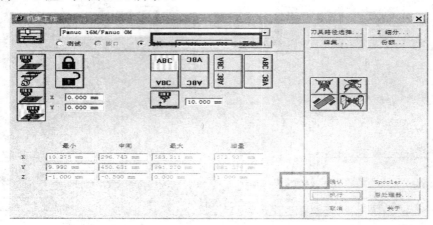

图 6-90　生成"U00"雕刻文件

116

6.4.4 板材雕刻

裁剪好 ABS 板材，放进雕刻机工作台，用夹具夹住 ABS 板材四周，防止在雕刻过程中滑动。设置雕刻原点位置，拷入上一步骤生成的 U00 文件，开始雕刻，台灯零部件雕刻过程如图 6-91～图 6-95 所示。

图 6-91　台灯零部件雕刻过程(一)

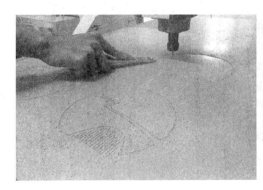

图 6-92　台灯零部件雕刻过程(二)

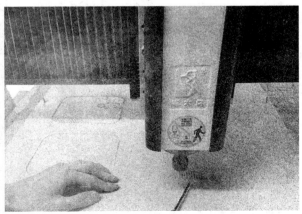

图 6-93　台灯零部件雕刻过程(三)

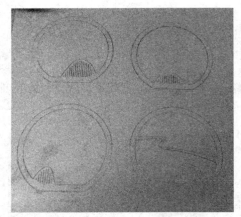

图 6-94 台灯零部件雕刻过程(四)

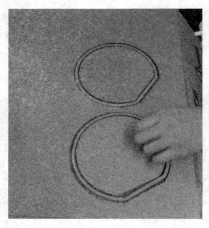
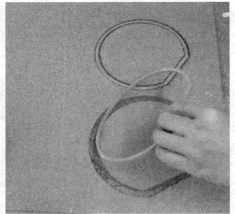

图 6-95 台灯零部件雕刻过程(五)

雕刻完成的主要零部件如图 6-96、图 6-97 所示。

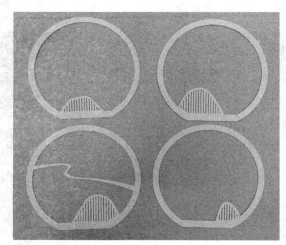
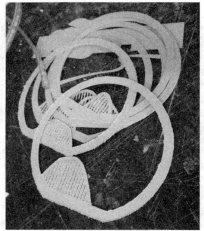

图 6-96 雕刻完成的主要零部件(一)

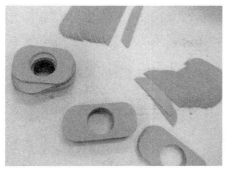
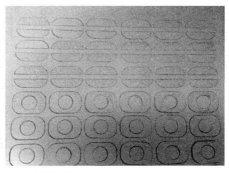

图 6-97　雕刻完成的主要零部件(二)

6.4.5　台灯主体造型制作

1．主体造型叠加成型

将雕刻出来的相同造型的 ABS 板材打磨平整之后再叠加起来，用 502 胶水或其他塑料黏合剂粘贴起来，再将灯带粘贴好，如图 6-98、图 6-99 所示。

图 6-98　ABS 板材粘贴前期准备

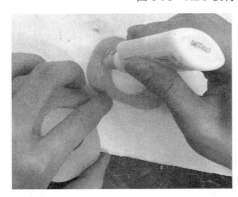
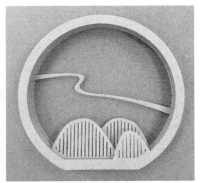

图 6-99　ABS 板材粘贴叠加成型

2．台灯灯带与外环粘贴制作

将 LED 灯带贴在"环形密度板"内侧，"环形密度板"是台灯的中间部分，放置好灯带后将空槽用"纸胶带"封上，防止后期喷漆会喷到灯带，如图 6-100～图 6-103 所示。

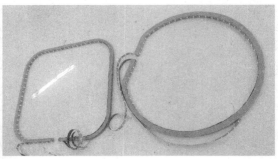

图 6-100　灯带粘贴(一)

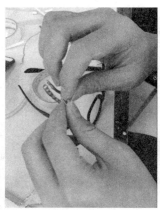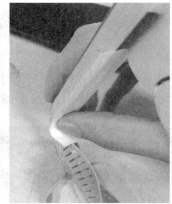

图 6-101　灯带粘贴(二)

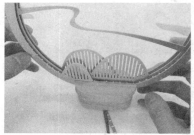

图 6-102　灯带粘贴(三)

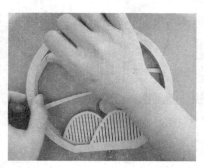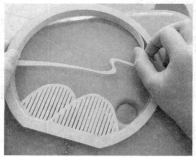

图 6-103　灯带粘贴(四)

台灯主体外环造型制作，用事先裁好的带状 ABS 塑料条沿着主体外环慢慢弯曲，可以用电吹风加热辅助弯曲，用 502 胶水黏结牢固定型，也可用小台钳夹紧进行弯曲，如图 6-104 所示，灯光效果测试如图 6-105 所示。

图 6-104　台灯主体外环造型弯曲粘贴

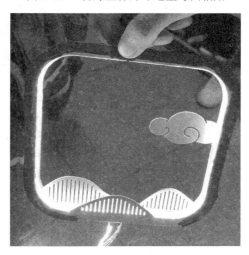

图 6-105　灯光效果测试

3. 台灯主体和底座打磨

用 2000 目的细砂纸将台灯主体外表面一层打磨光滑，如图 6-106 所示。

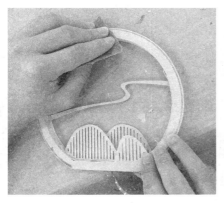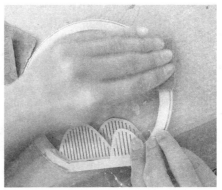

图 6-106　台灯主体打磨

用细砂纸对台灯底座进行打磨，如图 6-107 所示。

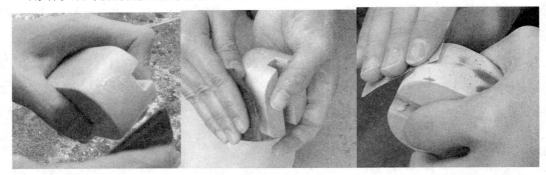

图 6-107　台灯底座打磨

台灯整体打磨效果如图 6-108 所示。

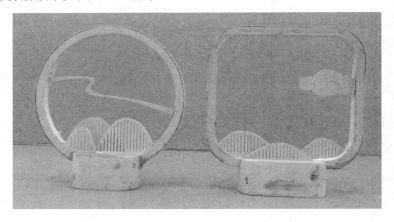

图 6-108　台灯整体打磨效果

6.4.6　模型喷漆

台灯喷漆过程如图 6-109 所示。

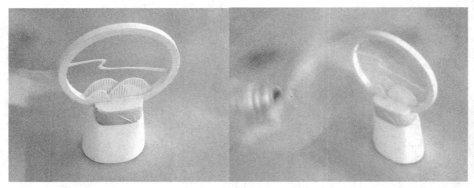

图 6-109　台灯喷漆过程

台灯效果图如图 6-110 所示、实物模型整体最终效果如图 6-111 所示。

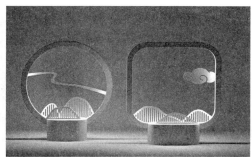

图 6-110　台灯效果图

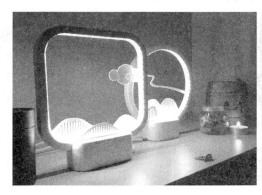

图 6-111　台灯实物模型整体最终效果

第7章　交通工具模型制作实践

【学习目标】

通过本章的学习，了解大型货轮模型制作、游艇模型制作、供氧式无人机模型制作等三个交通工具模型制作过程；掌握交通工具模型的形态分析方法，培养大体积模型制作思路；掌握交通工具模型制作方法的综合与交叉应用，灵活使用辅助工具完成模型制作，深入理解产品视觉形态的尺度感与空间感，提高模型的设计表达能力，培养模型细节处理的能力与模型制作过程解决问题的能力。

【内容提要】

(1) 大型货轮模型制作；
(2) 游艇模型制作；
(3) 供氧式无人机模型制作。

【重点、难点】

重点：大型产品模型制作选用合理的模型制作方法、材料、工具的综合应用。
难点：大型产品模型制作思路分析、模型制作过程与解决问题的能力。

7.1　大型货轮模型制作

大型货轮模型分两个部分制作——船体部分、甲板造型部分，其中甲板护栏、建筑、货物格栅等采用 ABS 板材雕刻叠加粘贴组成，此部分造型较为规则，制作难度不大。

船体部分造型为曲面造型，而且尺寸较大，长度 1600 mm，船体造型采用"油泥 + 原子灰"涂抹塑形。

大型货轮模型应先制作船体部分，再制作甲板造型部分，制作步骤：船体泡沫模型制作→船体油泥模型制作→船体原子灰涂抹与打磨→甲板货物格栅制作→甲板建筑部分制作→货轮整体组装。货轮 3D 数字化模型如图 7-1 所示，3D 示意图如图 7-2 所示，货轮实物模型如图 7-3 所示。

图 7-1　货轮 3D 数字化模型

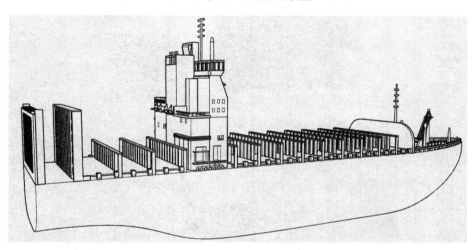

图 7-2　3D 示意图

图 7-3　货轮实物模型

125

7.1.1 船体泡沫模型制作

由于船体较长，没有整块合适的泡沫，需要用多块小尺寸泡沫堆叠在一起，用泡沫喷胶粘贴牢固，注意不能使用 502 黏合剂腐蚀性胶水，可以使用白乳胶，但干的时间较长。建议使用 3M77 多用途泡沫喷胶(如图 7-4 所示)，这种胶即喷即用，效率高，黏合性较好，不易开裂。泡沫块切割使用泡沫切割机切割，效率较高，如图 7-5 所示。泡沫粘贴效果如图 7-6 所示。

图 7-4　3M77 喷胶

图 7-5　泡沫切割机

图 7-6　泡沫粘贴效果

根据船体造型切削泡沫，泡沫尺寸建议多切削 10 mm 左右，因为后续还要填敷油泥和原子灰，把表面厚度填充回来，泡沫切削过程如图 7-7、图 7-8 所示，泡沫模型雏形如图 7-7～图 7-12 所示。

图 7-7 泡沫切削过程(一)

图 7-8 泡沫切削过程(二)

图 7-9 泡沫模型雏形(一)

图 7-10 泡沫模型雏形(二)

图 7-11 泡沫模型雏形(三)

图 7-12　泡沫模型雏型(四)

7.1.2　船体油泥模型制作

在切削好的泡沫基础型上涂抹油泥，然后进行粗刮和精刮操作。在上油泥之前先用小锉刀在泡沫模型上戳孔，以便油泥能较好的粘贴在泡沫模型表面。使用刮刀或小铲刀填敷油泥，如图 7-13、图 7-14 所示。

图 7-13　填敷油泥(一)

图 7-14　填敷油泥(二)

用刮刀填敷完第一层油泥之后，在油泥还没完全干的时候，可以用手抓取软油泥敷在船体凹坑的地方，这时候油泥微烫手，注意要用点力按压，以免油泥脱落，如图 7-15 所示。

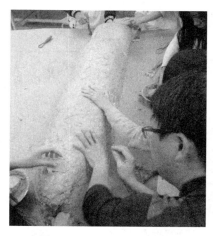

图 7-15　用手按压填敷油泥

　　由于船体尺寸较大，可以使用长一点的钢尺进行大面积粗刮，确保造型的流畅，局部造型使用不同尺寸的刮刀进行塑形，如图 7-16 所示。

图 7-16　船体粗刮过程

粗刮完的船体模型效果如图 7-17、图 7-18 所示。

图 7-17　船体粗刮效果(一)

图 7-18　船体粗刮效果(二)

下一步进行精刮油泥，达到表面光滑光亮的效果，模型局部精刮过程如图7-19、图7-20所示。

图 7-19　船体精刮过程(一)

图 7-20　船体精刮过程(二)

7.1.3　船体原子灰涂抹与打磨

涂抹原子灰宜薄不宜厚，用小铲刀轻轻地涂抹一层原子灰，如果涂抹厚了，可以用小刮片将其均匀刮平整，如图7-21～图7-25所示。

 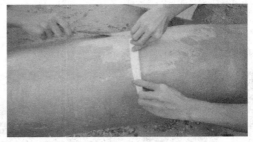

图 7-21　涂抹原子灰过程(一)

图 7-22　涂抹原子灰过程(二)

图 7-23　涂抹原子灰过程(三)

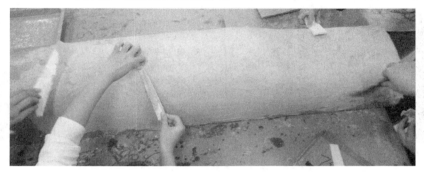

图 7-24　涂抹原子灰过程(四)

图 7-25　涂抹原子灰过程(五)

　　在涂抹原子灰的过程中,发现船体造型有偏差,需要对船头球鼻艏部分造型进行修整,如图 7-26、图 7-27 所示。

图 7-26　船头球鼻艏部分造型修整(一)

图 7-27　船头球鼻艏部分造型修整(二)

船体造型修整如图 7-28 所示。

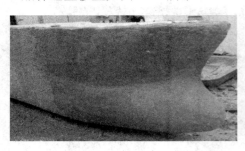

图 7-28　船体造型修整

造型调整之后接着涂抹原子灰，如图 7-29、图 7-30 所示。

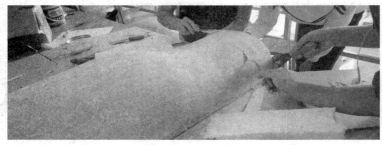

图 7-29　涂抹原子灰(一)

图 7-30　涂抹原子灰(二)

　　船体模型表面要达到光滑平整的效果，还需要细心地进行腻子找平和打磨工作。等待原子灰干之后，使用电动打磨机进行大面积快速打磨光滑，打磨过程产生灰尘较大，一定要佩戴口罩，如图 7-31～图 7-33 所示。

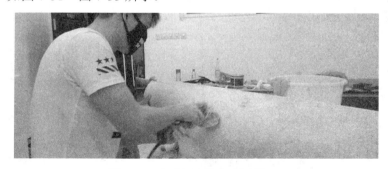

图 7-31　电动打磨机打磨过程(一)

图 7-32　电动打磨机打磨过程(二)

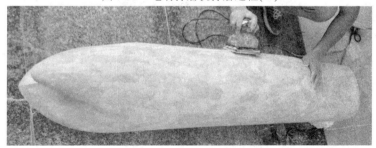

图 7-33　电动打磨机打磨过程(三)

船体局部细节需要用粗砂纸进行初步打磨，如图 7-34 所示。

图 7-34　船体砂纸打磨

初步打磨之后，用清水清洗一遍，将灰尘清洗干净，再用原子灰修补不平之处。修整好的表面逐级用260～500目水砂纸找平后，再用800～1000目水砂纸细磨表面，如图7-35～图7-37所示。

图7-35　清洗船体模型

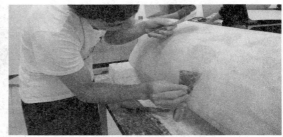

图7-36　用原子灰修补不平之处

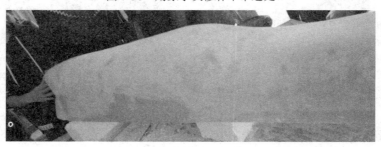

图7-37　原子灰修补凹坑

船体是由黑色和白色两种颜色搭配，喷漆时需遮挡不需要喷漆的部分。在本案例中采用手摇式自动灌装喷漆，要求喷漆距离在40 cm以上，喷漆环境要求通风开阔、无尘，以免喷漆过程中有小碎屑和灰尘飞入，造成后期处理困难。喷漆过程如图7-38～图7-42所示。

图7-38　不需要喷漆部分的遮挡(一)

图 7-39　不需要喷漆部分的遮挡(二)

图 7-40　喷漆过程(一)

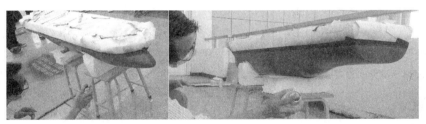

图 7-41　喷漆过程(二)

图 7-42　喷漆过程(三)

　　船体遮喷效果往往会出现两种颜色连接处出现掉漆、斑点，主要是因为遮挡处的贴纸撕开引起的，出现如图 7-43 的斑点情况，建议使用黑色小胶带贴在两种颜色连接处，可以自己裁剪黑色壁纸(带背胶)成小条胶带进行粘贴，既达到遮挡斑点效果，又能起到美观装饰的效果，一举两得，如图 7-44 所示。

图 7-43　两种颜色连接处出现斑点

图 7-44　用黑色小胶带贴在两种颜色连接处

7.1.4　甲板货物格栅制作

货轮甲板部分模型主要采用雕刻板材叠加成型，要求准确地制造出每一块艇体肋板。在 Rhino 软件画出每块肋板的加工图后，就可以通过用电脑雕刻机制作出每一块肋板。

在雕刻板材之前，先从 Rhino 软件中将货轮甲板造型分成两个部分——格栅与护栏和建筑，分别对这些部分进行拆分，将其拆分成平面图形，并提取封闭的轮廓线。船体甲板上的模型拆分图如图 7-45～图 7-47 所示。

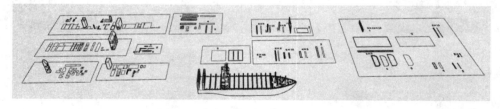

图 7-45　船体甲板上的模型拆分图(一)

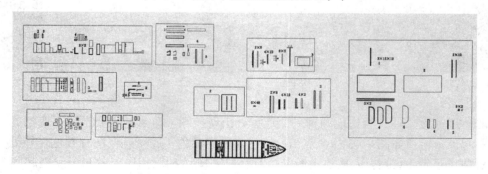

图 7-46　船体甲板上的模型拆分图(二)

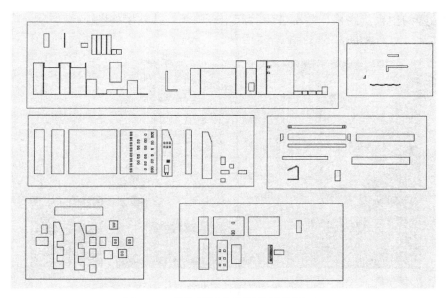

图 7-47　船体甲板上的模型拆分图(三)

　　将分解后的甲板平面图用 Coreldraw 软件和 Type 3 雕刻软件进行处理，然后再拷入雕刻机进行雕刻，雕刻过程如图 7-48 所示。

图 7-48　雕刻过程

对雕刻出来的零部件进行打磨、粘贴，如图 7-49 所示。

图 7-49　雕刻零部件打磨与粘贴

将粘贴好的甲板货物格栅零部件组装起来并喷漆,其效果如图 7-50 所示,将甲板格栅组装在船体上,过程如图 7-51~图 7-54 所示。

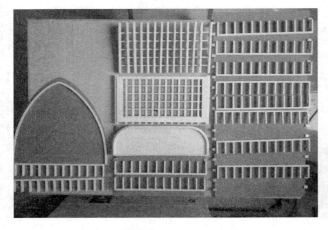

图 7-50　甲板货物格栅零部件组装喷漆

图 7-51　甲板格栅组装过程(一)

图 7-52　甲板格栅组装过程(二)

图 7-53　甲板格栅组装过程(三)

图 7-54　甲板格栅组装过程(四)

7.1.5　甲板建筑部分制作

甲板建筑是甲板上模型较为复杂的部件，零部件较多。要将雕刻好的零部件做好编号，按照顺序粘贴、组装起来并喷漆。甲板建筑模型粘贴过程如图 7-55 所示，喷漆效果如图 7-56所示。

图 7-55　甲板建筑模型粘贴过程

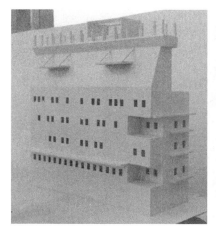

图 7-56　甲板建筑模型喷漆效果

7.1.6 货轮整体组装

将甲板建筑和底部支撑架安装在船体上，并把货柜箱放入甲板格栅中，完成货轮整体安装。甲板建筑安装效果如图 7-57、图 7-58 所示，船头甲板护栏与灯柱安装如图 7-59 所示。

图 7-57　甲板建筑安装效果(一)

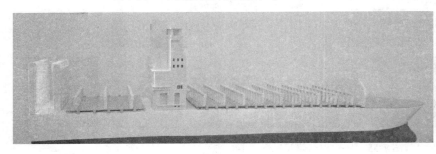

图 7-58　甲板建筑安装效果(二)

图 7-59　船头甲板护栏与灯柱安装

安装好货轮船体的货物格栅、护栏、甲板建筑等部件的整体效果如图 7-60 所示。

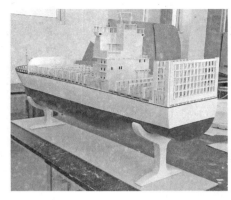

图 7-60　货轮船体安装完毕效果

货轮集装箱喷漆过程如图 7-61 所示，集装箱模型效果如图 7-62 所示。

图 7-61　货轮集装箱喷漆

图 7-62　集装箱模型效果

货轮船体细节展示如图 7-63、图 7-64 所示。

图 7-63　船体细节展示(一)

图 7-64　船体细节展示(二)

货轮船体展示支撑架模型效果如图 7-65 所示。

图 7-65　货轮船体展示支撑架模型

货轮安装好展示支撑架效果如图 7-66、图 7-67 所示，货轮装上集装箱的整体效果如图 7-68 所示，货轮装入玻璃柜展示效果如图 7-67 所示。

图 7-66　货轮整体效果(一)

图 7-67　货轮整体效果(二)

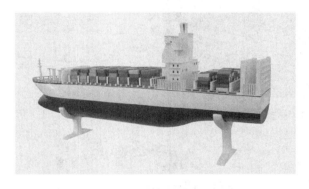

图 7-68　货轮装上集装箱的整体效果

图 7-69　货轮装入玻璃柜展示效果

7.2　游艇模型制作

　　游艇模型造型优美,曲面较多,模型整体造型采用"油泥+原子灰"涂抹塑形为主,船的上部分采用雕刻板材进行热弯成型,采用 ABS(工程塑料)板作为主要制作材料是个很好的选择。ABS 板材有好加工、容易弯曲并且粘贴迅速、方便的优点,特别适合制作塑料产品模型。对于制作半径大的圆弧部位,一般直接把 ABS 板材弯曲了粘上去。

游艇模型制作步骤如下：

① 船身泡沫模型制作；

② 船身油泥模型制作；

③ 船身原子灰涂抹与打磨；

④ 船舱部分模型制作；

⑤ 游艇组装与喷漆。

游艇 3D 数字化模型如图 7-70 所示，3D 图纸示意图如图 7-71 所示，游艇实物模型如图 7-72 所示。

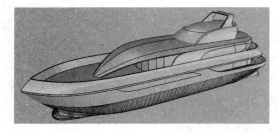

图 7-70　游艇 3D 数字化模型

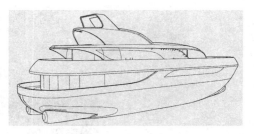

图 7-71　3D 图纸示意图

图 7-72　游艇实物模型

7.2.1　船身泡沫模型制作

根据船身造型切削泡沫，泡沫模型尺寸建议多切削 10 mm 左右，因为后续还要填敷油泥和原子灰，把表面厚度填充回来，泡沫切削过程如图 7-73、图 7-74 所示。

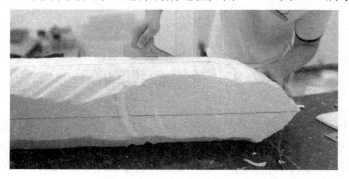

图 7-73　泡沫切削过程(一)

图 7-74　泡沫切削过程(二)

7.2.2　船身油泥模型制作

　　加热油泥前将油泥进行切割,分成小块,如此做法可以让油泥受热均匀,方便涂抹在泡沫模型上,如图 7-75 所示。

图 7-75　加热油泥前将油泥切割成小块

　　在泡沫模型上均匀涂抹油泥,并用手指按压油泥。避免油泥内部空隙产生。涂抹油泥时,为使模型造型尺寸不偏差太大,需要事先制作船身卡板进行尺寸定型,以确保模型尺寸正确,如图 7-76 所示。

图 7-76　均匀涂抹油泥与尺寸定型

　　刮油泥的时候要对船身造型模型有整体的认识,要沿着船身曲面的走向耐心、逐步修整造型细节,如图 7-77 所示,边刮油泥边并用卡板调整造型尺寸,将油泥表面刮平整,如图 7-78 所示。

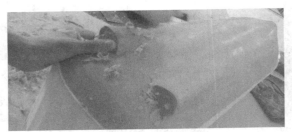

图 7-77　精刮油泥

图 7-78　边刮油泥边并用卡板调整造型尺寸

船身精刮油泥效果如图 7-79 所示。

图 7-79　船身精刮油泥效果

7.2.3　船身原子灰涂抹与打磨

确认船身造型没问题之后，开始涂抹原子灰，如图 7-80、图 7-81 所示。

图 7-80　船身涂抹原子灰(一)

图 7-81　船身涂抹原子灰(二)

　　等原子灰干透之后，使用打磨工具进行表面找平处理，在本案例中使用的是手动打磨工具，该打磨工具需要手动装砂纸，也很方便更换砂纸，打磨原子所用的砂纸选择由粗到细，直至将船身表面打磨光滑平整。如图 7-82 所示，打磨过程如图 7-83 所示。

图 7-82　手动打磨工具

图 7-83　船身打磨过程

　　船身在打磨找平过程中容易出现一些小凹坑、小孔难以修补，由于这些凹坑较浅，填补原子灰进去容易在打磨过程脱落，建议使用补土原子灰，见图 7-84 所示，等补土干固后再使用细砂纸轻轻整体打磨一遍，使用补土原子灰修补船身效果如图 7-85 所示。

图 7-84　补土原子灰

图 7-85　使用补土原子灰修补船身效果

　　原子灰在打磨过程容易产生大量对人体有害的粉尘，污染空气，必须要戴口罩。在空气相对不流通的室内环境打磨原子灰，空气质量变得非常差，这是在很多学校教学场所出现弊端的情况。建议使用湿磨，砂纸蘸着水打磨模型，或者用水清洗模型再打磨，有效减少粉尘产生，有利营造健康环保的工作环境，如图 7-86 所示。船身精细打磨效果如图 7-87、图 7-88 所示。

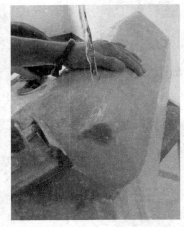

图 7-86　船身湿磨

图 7-87　船身精细打磨效果(一)

图 7-88　船身精细打磨效果(二)

7.2.4 船舱部分模型制作

接下来制作游艇船舱部分模型,该部分主要采用雕刻板材热弯、叠加成型。先做好雕刻文件,使用雕刻机将零部件雕刻出来,雕刻文件如图 7-89 所示。

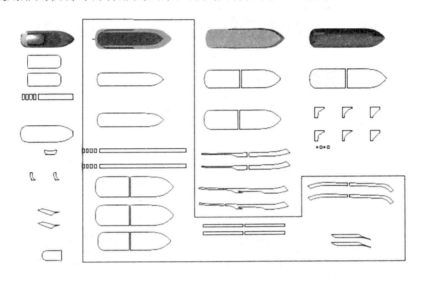

图 7-89 雕刻文件

雕刻好的零部件要分类整理好,使用热熔胶和 502 胶水将零部件组装在一起。组装时要仔细谨慎,尽量将零部件完整贴合,船舱第一层造型外边采用热弯成型,并用热熔胶和 502 胶水黏合牢固,模型制作过程如图 7-90~图 7-94 所示。

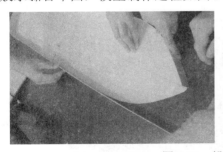
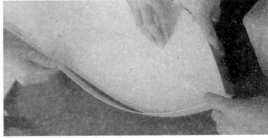

图 7-90 船舱第一层造型制作(一)

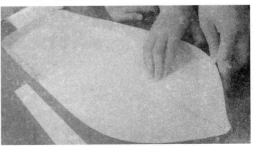

图 7-91 船舱第一层造型制作(二)

图 7-92　船舱第一层造型制作(三)

图 7-93　船舱第一层造型制作(四)

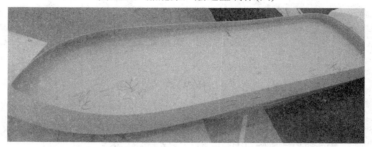

图 7-94　船舱第一层造型制作(五)

接下来制作船舱顶层，如图 7-95～图 7-96 所示。

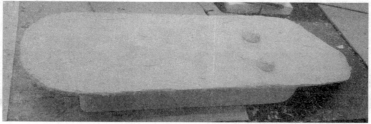

图 7-95　船舱顶层制作(一)

图 7-96　船舱顶层制作(二)

零部件组装之后，难免留有间隙，要修补间隙可用原子灰涂抹于缝隙中，并安装船舱顶棚，用原子灰粘贴牢固，如图7-97所示，待原子灰固化之后，用砂纸打磨光滑平整，并用502胶水将各零部件粘贴牢固，如图7-98所示。

图7-97　安装顶棚

图7-98　用502胶水将各零部件粘贴牢固

游艇上部船舱部分制作完毕，粘贴好的模型效果如图7-99～图7-101所示。

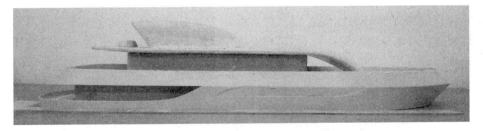

图7-99　游艇船舱模型效果(一)

图7-100　游艇船舱模型效果(二)

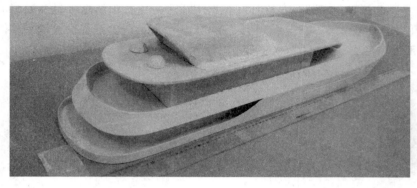

图 7-101　游艇船舱模型效果(三)

安装船舱顶棚装饰架，如图 7-102 所示。

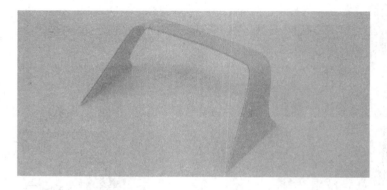

图 7-102　安装船舱顶棚装饰架

7.2.5　游艇组装与喷漆

在船身与船舱模型打磨完成之后，开始将两个部分的模型认真仔细地进行对接，使用
502 胶水将上下两部分紧密黏合在一起，如图 7-103、图 7-104 所示，黏合之后使用原子灰
将缝隙补全，再使用 1000 目以上的砂纸进行最后的精细打磨，如图 7-105、图 7-106 所示，
图 7-107 为游艇打磨完毕效果。

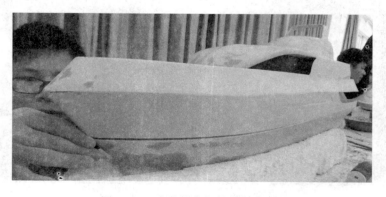

图 7-103　安装船体与船舱部分(一)

图 7-104　安装船体与船舱部分(二)

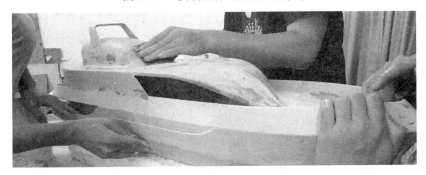

图 7-105　细节打磨与修补(一)

图 7-106　细节打磨与修补(二)

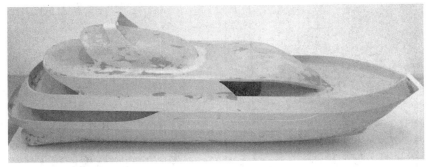

图 7-107　游艇打磨完毕效果

模型喷漆阶段，采用报纸进行遮挡喷漆，如图 7-108 所示。

图 7-108　采用报纸粘贴进行遮挡喷漆

　　喷漆需要反复多次喷，一层一层逐渐增厚。游艇整体配色主色调为白色再点缀其他颜色，先喷一层光油，再喷有颜色的漆，如图 7-109 所示。

图 7-109　先喷一层光油

　　等光油干后，接着喷白色油漆。喷漆过程中要一边喷一边摇晃瓶子，这样可以让喷出来的漆更均匀，同时要移动喷漆瓶，不要在同一个地方喷过多导致不均匀。同一颜色，不要急于一次喷涂到位，应该层层覆盖，一层喷完等干后再继续再喷第二层，如此可让漆层更厚实均匀，如图 7-110、图 7-111 所示。

图 7-110　喷白色油漆效果(一)

图 7-111 喷白色油漆效果(二)

接下来继续喷船身部分油漆，船身为灰色油漆。在喷蓝漆之前，为防止灰色漆污染到上半部分的白漆，同时让两种颜色分界更明确，需要在喷灰色漆之前，用美纹胶将分界线明确分割出来，同时用报纸之类将白漆部分完整遮蔽起来以防止被误喷到，如图 7-112、图 7-113 所示。

图 7-112 采用遮挡方式处理船身喷漆(一)

图 7-113 采用遮挡方式处理船身喷漆(二)

由于遮挡喷漆方式难以控制边缘出现斑点，影响整体视觉效果，为了使模型细节更丰富，装饰效果更丰富，将模型的窗口、建筑楼层等细节表现清楚，采用贴壁纸的方式来表现，如图 7-114、图 7-115 所示。

图 7-114　贴纸美化装饰(一)

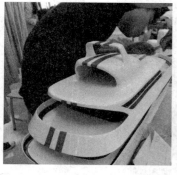

图 7-115　贴纸美化装饰(二)

到此，游艇模型制作完毕，整体效果如图 7-116、图 7-117 所示。

图 7-116　游艇模型整体效果(一)

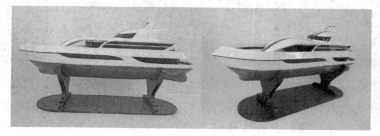

图 7-117　游艇模型整体效果(二)

7.3 供氧式无人机模型制作

供氧式无人机模型大体造型采用 ABS 拼接叠加成型,局部造型采用"原子灰"涂抹塑形,机身底部采用 ABS 板压模成型;ABS 拼接叠加成型部分包括机翼、机底、出风孔及警示灯部分等,涂抹塑形部分包括机耳底部、机身边缘接合处。

无人机制作步骤如下:
① 拆解无人机零部件;
② 导入 Coreldraw 封闭填色;
③ 导入 Type 3 设置雕刻参数;
④ 雕刻机雕刻 ABS 板材;
⑤ ABS 板材粘贴叠加成型;
⑥ 压模、涂抹原子灰、打磨;
⑦ 组装喷漆。

无人机 Rhino 数字化模型(渲染模式、线框模式)如图 7-118 所示,无人机模型效果如图 7-119 所示。

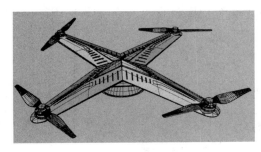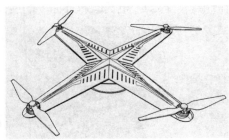

图 7-118　无人机 Rhino 数字化模型

图 7-119　无人机模型效果

7.3.1 分析、拆解无人机零部件

该无人机模型较为简单,表面造型以平面拼接为主,因此拆分零部件是重要工作。无

人机零部件拆解思路：分解成多个部件→摊平可展开曲面→提取曲面轮廓线，形成封闭的图形，并确定好这些部件要雕刻的数量以及尺寸，方便后期输入 Corledraw 进行封闭填色，如图 7-120 所示。

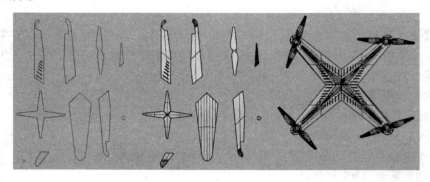

图 7-120　拆解无人机零部件

摊平可展开曲面命令：

(1) 可将旋转母线为直线的周期曲面展开，可用雕刻机雕刻出来再进行热弯成型；

(2) 也可将倾斜平面图形展开，雕刻出来的板材尺寸才是准确的。

现在需要将图 7-121 中的机翼倾斜曲面(A 图形)展开，选择"曲面工具"中的"摊平可展开曲面命令"，得到"机翼倾斜曲面"的展开平面图形(B 图形)，如图 7-122、图 7-123 所示。

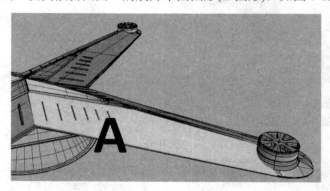

图 7-121　需要展开机翼倾斜曲面(A 图形)

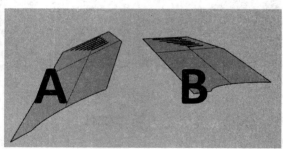

图 7-122　"摊平可展开曲面命令"，得到展开平面图形(B 图形)

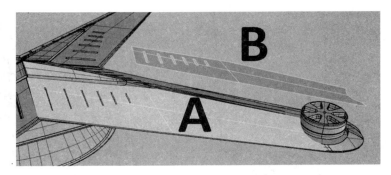

图 7-123　"机翼倾斜曲面"的展开平面图形(B 图形)

7.3.2　导入 Coreldraw 软件封闭填色

本案例使用的啄木鸟雕刻机雕刻幅面是 650 mm × 900 mm，所以在 Coreldraw 软件中也要设置版面大小为 650 mm × 900 mm，并在上下左右各预留约 2 cm 的空白边，如图 7-124 所示。

图 7-124　导入 Coreldraw 软件封闭填色

7.3.3　导入 Type 3 设置雕刻参数

导入 Type 3 设置雕刻参数的操作步骤如下：

(1) 将 Coreldraw 导出的 EPS 格式文件导入 Type 3 软件中，如图 7-125 所示，封闭图形才能切割出来。

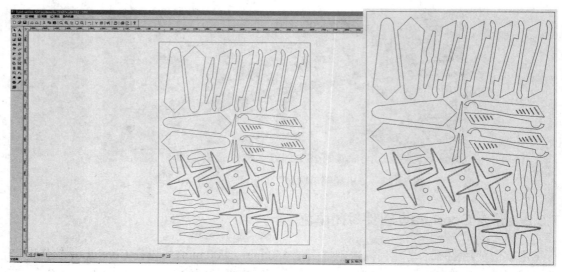

图 7-125 EPS 文件导入 Type 3 效果

(2) 点击 图标，进入 CAM 模块，如图 7-126、图 7-127 所示。

图 7-126 CAM 模块(一)

图 7-127 CAM 模块(二)

Type 3 CAM 模块功能部分如图 7-128 所示。

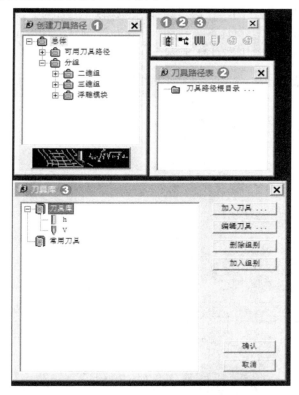

图 7-128　CAM 模块功能

(3) 选择全部图形，点击"创建刀具路径"功能菜单，选择"三维组"中的"三维切割"功能，在弹出的保存文件窗口，选择文件保存路径即可，如图 7-129 所示。

 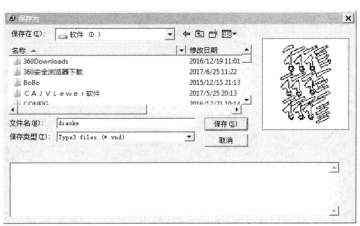

图 7-129　选择"创建刀具路径"下的"三维切割"功能

(4) 设置刀具参数，在弹出"三维切割"窗口，点击 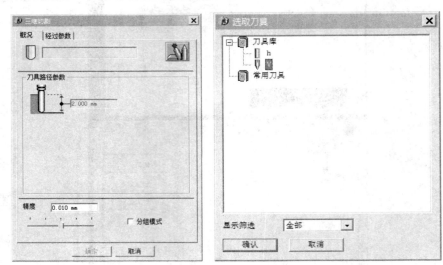 图标，选取刀具，刀具库有两种刀具类型，这是预先设置好的，在这里选择"V"刀，适合雕刻薄塑料板材，如 ABS、双色板等，如图 7-130 所示，刀具路径参数为 1 mm(雕刻下刀深度)，因为在本案例中使用的 ABS 板材厚度是 1 mm，如图 7-131 所示。

图 7-130　刀具库刀具类型

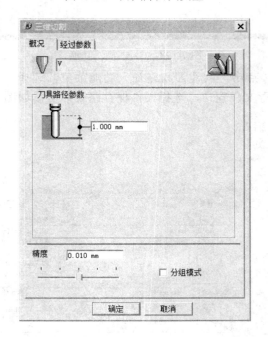

图 7-131　刀具路径参数为 1 mm

(5) 确定之后，这时全部图形外围出现了一圈白色的线条，这是雕刻刀行走路径。在"刀具路径表"目录中出现了"三维切割[001]"的文件，这是一次的雕刻路径，如图 7-132 所示。

162

图 7-132　图形外围出现了一圈绿色的刀具路径

　　然后在"三维切割[001]"文字上点击右键,在弹出菜单中选择"机器工作"命令,弹出"机器工作"窗口,然后点击"执行"按钮,在保存路径中找到"diaoke.U00"文件(后缀名为.U00 文件),将该文件拷入 U 盘,如图 7-133、图 7-134 所示。

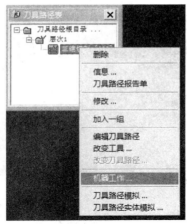

图 7-133　选择"机器工作"命令

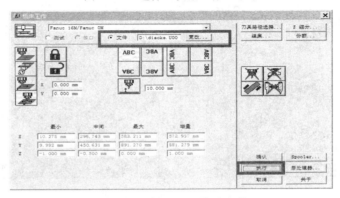

图 7-134　输出 U00 格式文件

7.3.4 雕刻机雕刻 ABS 板材

裁剪好 ABS 板材，放进雕刻机工作台，用夹具夹住 ABS 板材四周，防止在雕刻过程中滑动。设置雕刻原点位置，拷入上一步骤生成的 U00 格式文件，开始雕刻。

在雕刻过程中注意用工具按住要雕刻零件的周边，避免雕刻过程中零件跑动，造成零件变形失误。在按住零件过程中要注意安全，如图 7-135、图 7-136 所示。

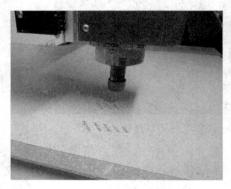

图 7-135　雕刻过程(一)

图 7-136　雕刻过程(二)

雕刻完成的零部件如图 7-137 所示。

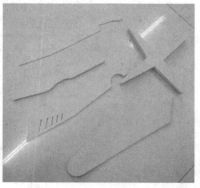

图 7-137　雕刻完成的零部件

7.3.5 ABS 板材粘贴叠加成型

将雕刻出来的相同造型的 ABS 板材叠加起来，然后拼接，用 502 胶水或其他塑料黏合剂粘贴起来，如图 7-138、图 7-139 所示。

图 7-138 粘贴 ABS 板材(一)

图 7-139 粘贴 ABS 板材(二)

7.3.6 无人机主体造型制作

1. 无人机机身部分制作

使用什锦锉、圆锉、平锉、砂纸等打磨工具对机身零部件表面进行打磨，如图 7-140 所示。

图 7-140 对机身零部件表面进行打磨

然后将原子灰和固化剂按照 10∶1 的比例调配好，将各个部分粘贴起来，等原子灰干了之后进行第一次打磨，并对产品表面的凹坑和孔洞涂抹原子灰修补，一般要来回打磨和修补多次，如图 7-141～图 7-144 所示。

图 7-141　原子灰涂抹

图 7-142　原子灰修补机身效果

图 7-143　打磨无人机机身(一)

图 7-144　打磨无人机机身(二)

2．机身底部制作

无人机机身底部由于是曲面造型，叠加法并不适用，现在采用另外一种方法——压模法。该方法需要准备三样东西——石膏造型、压模用密度板、压模用 ABS 板材。

石膏造型制作：将石膏粉加水调试得干湿适度，倒进制作的容器里，几分钟后凝固，然后取出，进行机身底部的大型的塑形，然后将其打磨光滑，如图 7-145 所示。

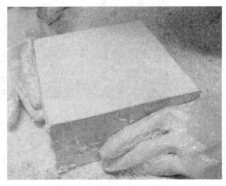

图 7-145　石膏调制

对无人机机底石膏模型进行造型切割，用细砂纸进行打磨，使其表面光滑，便可进行压模，如图 7-146、图 7-147 所示。

图 7-146　石膏造型切割

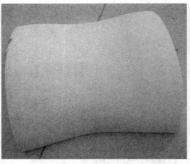

图 7-147　石膏造型制作

压模用密度板制作：在 Type3 软件做好压模用密度板板材的雕刻文件，拷入雕刻机进行雕刻，密度板中空部分轮廓比上一步骤制作的石膏模型轮廓大 2 mm 左右，如图 7-148 所示。

图 7-148　雕刻压模用密度板

根据要压模的石膏模型尺寸，裁好 ABS 板材。

压模步骤：先将烘箱温度升至 160 度，再将准备好的 ABS 板放进去，加热十分钟左右，计算好时间。加热的时候将 ABS 板的四周用密度板压住，防止 ABS 板弯曲或者卷翘起来，如图 7-149 所示，同时将模具和石膏模型准备好，并戴好手套，防止烫伤。

图 7-149　加热之前将 ABS 板的四周用密度板压住

等十分钟时间一到，迅速从烘箱里取出 ABS 板，两个人往相反方向拉直 ABS 板，一个人双手拿着密度板，将中空部分对准石膏模型从上往下压，用手将 ABS 板往下按压，使更好地贴合到石膏上，压模动作一定要快，不然 ABS 冷却了压模不容易成功，最后将石膏从 ABS 曲面造型里面取出来，将 ABS 造型剪下来。ABS 板材压模过程如图 7-150～图 7-153 所示。

图 7-150　ABS 板材压模过程(一)

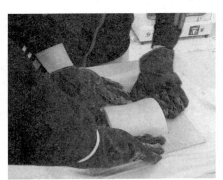

图 7-151　ABS 板材压模过程(二)

图 7-152　ABS 板材压模过程(三)

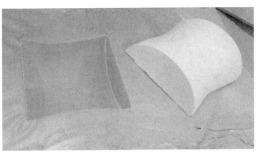

图 7-153　ABS 板材压模过程(四)

3. 无人机其他部分制作

无人机其他部分制作包括电线安装、警示灯安装、机翼扇叶与电机安装等部分，如图 7-154 所示。将机翼电机的线通过机身穿到机底，连接到开关，用来控制机翼扇叶的转动。

图 7-154　无人机机翼电机安装

将 LED 灯珠用热熔胶固定到机身上方的零件上，然后用亚克力板拼接粘在一起，作为警示灯的零部件，如图 7-155 所示。

图 7-155　无人机上盖警示灯安装

无人机的底座部分与支撑架制作，如图 7-156 所示。

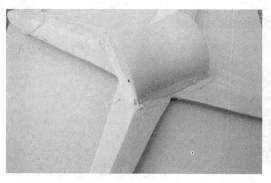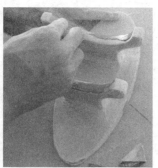

图 7-156　无人机的底座部分与支撑架制作

7.3.7 组装喷漆

在本案例中使用自动灌装喷漆对模型进行喷漆，需要掌握一定的技巧，不然容易喷坏模型，需要如下注意事项：

① 喷漆之前先充分摇匀，用力摇晃罐子约 40～60 秒；

② 开始喷漆时，每一次喷漆的第一道漆不要直接喷在模型上，第一道漆往往掺杂着粗大的油漆液滴，不是均匀的雾状，建议第一道漆先喷在纸上，观察漆是否合适，如果合适继续喷在模型上；

③ 喷嘴与模型的距离尽量在 30 cm 以上，喷漆附着范围更大些，避免局部喷得过多；喷漆过程中手持罐子要来回匀速移动喷，不要在一个地方喷得过多。

无人机喷漆过程如图 7-157 所示。

图 7-157 无人机喷漆过程

7.3.8 无人机效果图与实物模型效果图

无人机效果图如图 7-158 所示。

图 7-158 无人机效果图

无人机实物模型效果图如图 7-159、图 7-160 所示。

图 7-159 无人机实物模型效果图(一)

图 7-160 无人机实物模型效果图(二)

第8章　3D打印模型制作实践

【学习目标】

通过本章的学习，了解产品3D设计与3D打印实践过程；掌握3D打印模型输出参数设置，培养将设计概念转化为实物产品的实际应用能力，引导读者理解3D打印产品的实际作用，并将其融入自己的实际生活之中，培养多学科综合交叉应用能力。

【内容提要】

(1) 剪刀沙模玩具3D打印实践；
(2) 创意裁剪刀设计与打印。

【重点、难点】

重点：产品设计与3D打印的实际应用过程及注意事项。
难点：Cura切片软件参数设置。

8.1　3D打印概述

8.1.1　3D打印原理

3D打印技术从制造工艺的技术上划分它叫做增材制造(Additive Manufacturing，AM)。它是一种以3D设计模型文件为基础，运用不同的打印技术、方式使特定的材料通过逐层堆叠、叠加的方式来制造物体的技术。3D打印原理如图8-1所示，3D打印过程如图8-2所示。

现在3D打印技术广泛应用于汽车、家电、电动工具、医疗、机械加工、精密铸造、航空航天、工艺品制造及儿童玩具等行业，随着技术的发展，其应用领域将不断地拓展，并且不断完善和提高打印质量。

根据所使用的材料和建造技术的不同，目前应用比较广泛的3D打印方法有如下四种：

① 光固化成型法(Stereo lithography Apparatus，SLA)，采用光敏树脂材料通过激光照射逐层固化而成型；

② 叠层实体制造法(Laminated Object Manufacturing，LOM)，采用纸材等薄层材料通过逐层黏结和激光切割而成型；

③ 选择性激光烧结法(Selective Laser Sintering，SLS)，采用粉状材料通过激光选择性烧结逐层固化而成型；

④ 熔融沉积制造法(Fused Deposition Manufacturing，FDM)，采用熔融材料加热熔化挤压喷射冷却而成型。

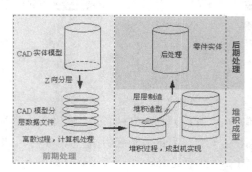

图 8-1　3D 打印原理

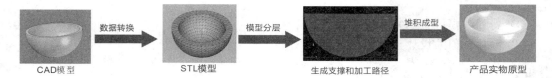

图 8-2　3D 打印过程

8.1.2　3D 打印在产品上的应用

3D 打印技术建立在 3D 数字化模型的基础上，可以应用 3D 软件进行建模设计，也可以到各 3D 打印论坛进行下载 3D 数字模型(大部分是 STL 格式)，需要配合 3D 打印切片软件进行各种参数设置，输入到 3D 打印设备进行实物打印，实现从创意到实物的创造过程。在实际教学过程中，3D 打印技术与产品设计结合得越来越密切，越来越多的产品模型通过 3D 打印出来，尤其是毕业设计模型，展示效果较好，如图 8-3 的装饰品、图 8-4 的灯具等产品模型，打印精度精细的产品模型能满足一般性的产品成果汇报展览要求。

图 8-3　装饰品

图 8-4　灯具

8.2　3D 打印产品流程

8.2.1　模型前期准备

3D 打印前期处理过程主要是对原型的 CAD 模型进行数据转换、摆放方位确定、施加支撑和切片分层，实际上就是为原型的制作准备数据，3D 打印前期处理流程如图 8-5 所示。下面以 Rhino 软件为案例进行产品 3D 打印设置流程说明。

(a) CAD 三维原始模型　　(b) CAD 模型的 STL 数据模型

(c)　模型的摆放方位　　(d)　模型施加支撑

图 8-5　3D 打印前期处理过程

8.2.2　设置尺寸单位

在 Rhino 软件的"Rhino 选项"中，选择"单位"，设置为"毫米"，不要设置成厘米，导出 STL 格式到 cura 软件容易发生单位变化，容易出错，如图 8-6 所示。

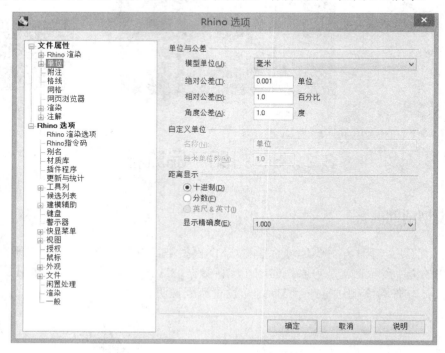

图 8-6　在 Rhino 设置尺寸单位

8.2.3　产品建模

这是一款个性化的剪刀沙模玩具，用于小朋友堆沙模使用，剪刀头可以更换，满足不同沙模的造型变化。使用 Rhino 软件建模的造型效果如图 8-7、图 8-8 所示。

如果想要让模型可以通过 3D 打印出来，那么我们在建模的时候就需要注意，必须让模型是一个有壁厚的薄壳实体，然后就可以打印出来了。

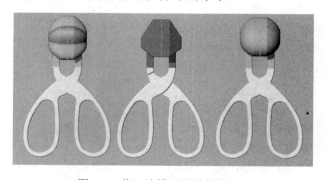

图 8-7　剪刀沙模玩具效果图(一)

图 8-8　剪刀沙模玩具效果图(二)

8.2.4　检查产品模型

在 Rhino 软件中有一个简单的方法可以检测模型是否是实体状态，即通过"显示边缘"命令检测。

1. 检测模型

打开产品模型，要组合曲面，选中要检测的实体部分，并使用分析命令中的边缘检测。选择【分析】命令中的【显示边缘】命令，如图 8-9 所示。图 8-10 所示的其中一个三角形造型产品紫色外盖有一个缺口。

图 8-9　选择显示边缘命令

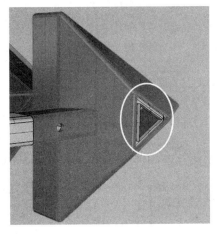

图 8-10　检测模型

177

2．检测外露边缘

经过检查，发现这个模型有一部分破面，导致有边缘出现，见图8-11所示的两条黄色边缘线部分，我们需要将两条黄色边缘线部分进行补面修补。修补好的曲面见图8-12所示的蓝色面，即可完成封闭状态，这样我们就可以进行3D打印了。

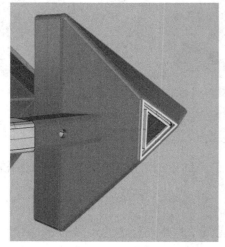

图 8-11　检测破面边缘

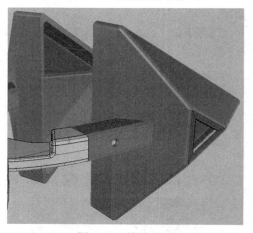

图 8-12　修补曲面

8.2.5　确定物体摆放位置与角度

本产品方案制作一个剪刀手柄，三个模具剪刀头。在打印之前，先把要打印的产品拆分，零部件拆开，分开打印，打印完成后再组装，因此摆放方位的处理是十分重要的，不但影响着制作时间和效率，更影响着后续支撑的施加以及原型的表面质量等。摆放方位的确定需要综合考虑各种因素。一般情况下，从缩短原型制作时间和提高制作效率来看，应该选择尺寸最小的方向作为叠层方向。但是，有时为了提高原型制作质量以及提高某些关键尺寸和形状的精度，需要将最大的尺寸方向作为叠层方向摆放。有时为了减少支撑量，以节省材料及方便后处理，也经常采用倾斜摆放。确定摆放方位以及后续的施加支撑和切片处理等都是在分层软件系统上实现。对于上述的沙模剪刀，由于其尺寸较小，选择水平摆放，同时考虑到尽可能减小支撑的批次，大端朝下摆放。剪刀玩具模型摆放效果如图 8-13 所示。

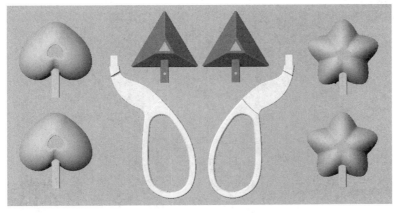

图 8-13　确定产品零部件摆放位置

8.2.6　转换 STL 格式

数据转换是对产品 CAD 模型的近似处理，主要是生成 STL 格式的数据文件。STL 数据处理实际上就是采用若干小三角形片来逼近模型的外表面，先将产品所有零部件转成网格格式，如图 8-14 所示，然后选中所有网格格式的零部件，按 STL 导出文件格式，如图 8-15 所示。STL 格式是所有 3D 切片软件支持的格式，是 3D 打印模型通用格式。目前，通用的 CAD 三维设计软件系统都有 STL 数据的输出。在网络平台下载的用于 3D 打印的三维模型都是 STL 格式。

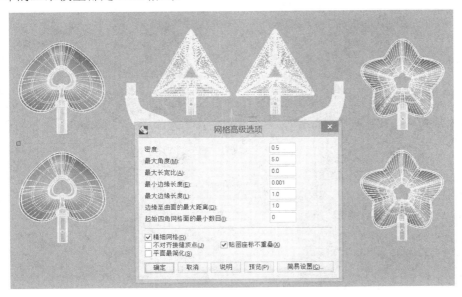

图 8-14　产品零部件转成网格

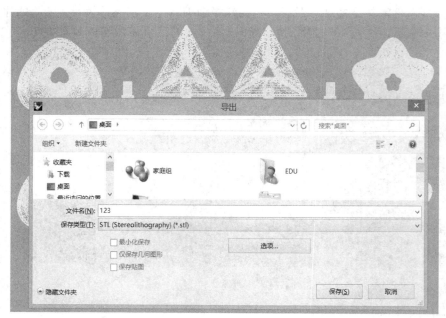

图 8-15　导出 STL 格式

8.2.7　切片设置

使用 cura 软件进行分层切片参数设置，包括基本参数和高级参数设置，主要设置打印精度、打印速度、填充密度、温度等内容。产品模型摆放位置如图 8-16 所示，参数设置如图 8-17 所示，打印材料使用 PLA 材料。

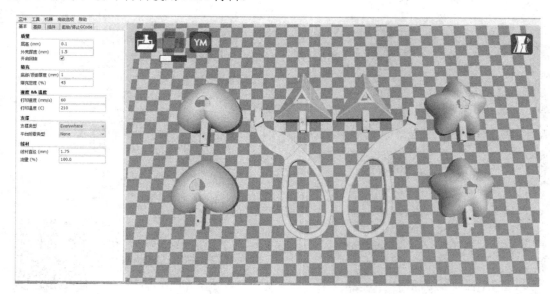

图 8-16　cura 软件中产品模型摆放位置

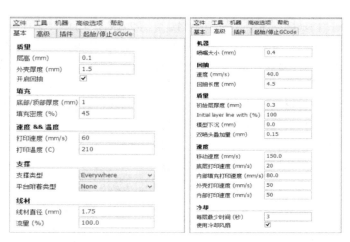

图 8-17 cura 软件参数设置

切片软件自动实现增加支撑结构和底座结构功能。软件自动实现的支撑施加一般都要经过人工核查，进行必要的修改和删减。支撑施加的合理性直接影响着原型制作的成功与否及制作的质量，也便于在后续处理中支撑的去除及获得优良的表面质量。

8.2.8　3D 打印模型表面处理

1．底座、支撑去除和拼接

由于剪刀玩具产品属于薄壁结构，内部需要一定的支撑，打印出来的实物需要将内部支撑材料和底座剥离出来，需要能借助小刀、钳子等工具进行人工去除，处理的时候要特别小心以免损坏模型，那些毛边可以通过打磨抛光处理。使用工具处理好的 3D 打印模型如图 8-18、图 8-19 所示。

图 8-18　处理好的 3D 打印模型(一)

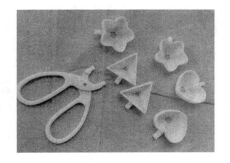

图 8-19　处理好的 3D 打印模型(二)

2．表面打磨

桌面型熔融沉积成型技术(FDM)3D 打印成型的产品表面会有一层层的纹路，我们无论用肉眼还是用手去触摸，都能明显地感觉到一层层的分层痕迹，粗糙感比较明显。作为消费产品而言，需要对表面进行抛光打磨处理，可以用手工砂纸打磨或者使用砂带磨光机这样的专业设备。砂纸打磨是一种廉价且行之有效的方法，是 3D 打印零部件后期抛光最常用的方式。

砂纸是分标号的，通过不同标号来实现不同的抛光程度，标号数字越大，就越细腻。平时感觉很粗糙的砂纸，是 400 目左右的，而 2000 目的砂纸，就已经能抛光出相当光泽的表面了。本例建议使用粗砂纸和细砂纸结合打磨，开始使用 400 目的粗砂纸打磨粗糙的凸起部分，然后再使用 1600～2000 目的砂纸打磨光滑的细节部分。现在也有电动的设备来辅助，这样对于表面不复杂的 3D 打印模型来说，抛光的速度很快，一般 15 min 之内就能完成。这个速度要比补土打腻子的方法快得多。

该剪刀玩具模型的壁厚大约有 2.0 mm，使用砂纸打磨模型本身外围会打磨掉一层，厚度损失有 0.1～0.2 mm，对于普通产品来说，这是可以接受的。如果零件有精度和耐用性的最低要求的话，不能过度打磨，要提前计算好需打磨去多少材料，否则过度打磨会使得零部件变形报废。

3. 上色

该剪刀玩具模型主要用一种颜色打印，色彩单一，需要后期上色，主要是用自动喷漆进行上色，增加产品层次感。产品上色效果图如图 8-20、图 8-21 所示。

图 8-20　产品上色效果(一)

图 8-21　产品上色效果(二)

8.3　3D 打印产品模型实践

该款裁剪刀属于产品功能改良设计的案例，将裁剪衣服的剪刀与软尺相结合，增加了产品的人性化操作。用户在裁剪衣物需要测量时，可以使用剪刀上的软尺，提高裁剪工作的效率。结合在剪刀上的迷你软尺使用方便，只要轻轻按尺子按键就可以自动缩回。剪刀产品效果图如图 8-22、图 8-23 所示。

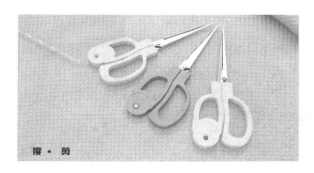

图 8-22　剪刀产品效果图(一)

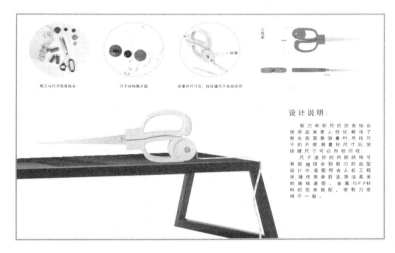

图 8-23　剪刀产品效果图(二)

8.3.1　产品造型建模

在 Rhino 软件中将剪刀模型绘制出来，剪刀设计方案分为三个功能块，即金属剪刀头、塑料材料的剪刀把手和度量尺，其中剪刀头和度量尺是采用现有标准件，只有剪刀把手是设计的重点，也是 3D 打印的重要内容，剪刀把手要考虑与剪刀头、度量尺的合理装配，也要考虑使用方面的人机舒适性。剪刀 Rhino 数字化模型如图 8-24、图 8-25 所示。

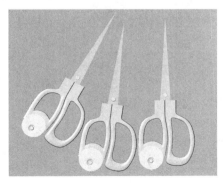

图 8-24　剪刀 Rhino 数字化模型(一)

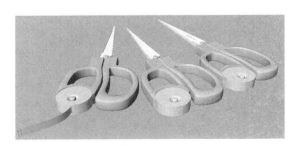

图 8-25　剪刀 Rhino 数字化模型(二)

剪刀把手模型部件单独显示出来，按照尺寸预留剪刀头和度量尺的接口，如图 8-26 所示。

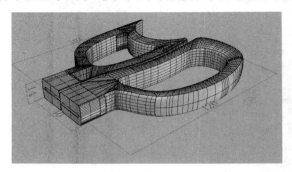

图 8-26　剪刀把手模型

8.3.2　转化 STL 格式

选中剪刀把手模型，选择【文件】菜单中的【导出选取物体】，选择导出文件格式为 STL 格式，选择保存文件路径之后，在弹出的 STL 网格输出选项窗口中，点击"进阶设定"，STL 网格导出选项如图 8-27 所示，为保证导出的 STL 格式文件质量，在"网格高级选项"输入以下参数，如图 8-28 所示。

图 8-27　导出 STL 格式文件

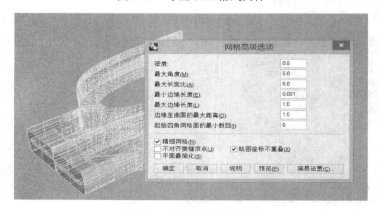

图 8-28　网格高级选项参数

8.3.3 Cura 软件切片参数设置

打开 Cura 15.02 版本软件，将剪刀把手模型 STL 格式文件导入，在 Cura 软件的基本设置和高级设置中输入如图 8-29 所示的参数，使用材料为 PLA，打印时间为 10 个小时 58 分钟，消耗耗材为 62 g，等所有参数设置完毕之后，点击保存图标按钮，保存为 G-code 文件，拷入 3D 打印机内存即可打印。国产 3D 打印机大多数支持 G-code 文件，G-code 文件是 3D 打印机支持的通用打印文件。

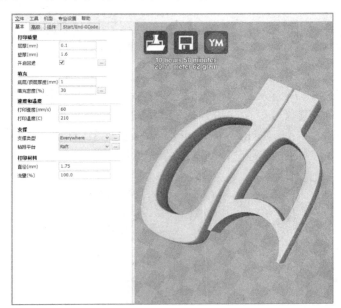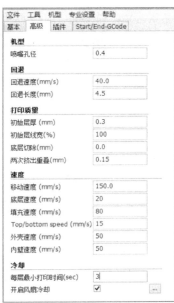

图 8-29　Cura 软件切片设置

8.3.4　3D 打印模型与使用效果

在本案例中，使用的 3D 打印设备为国产 AOD 机型，机器外观时尚简洁，操作方便，界面也比较简洁和人性化，如图 8-30、图 8-31 所示。

图 8-30　3D 打印设备为国产 AOD 机型

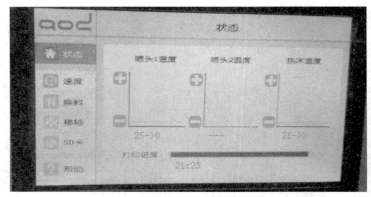

图 8-31 3D 打印设备 AOD 界面

　　3D 打印实物模型装配上剪刀头和度量尺的效果如图 8-32 所示，真实使用效果如图 8-33、图 8-34 所示。3D 打印实物模型可以检验设计方案的合理性、实用性，对于方案的完善和进一步的修改有很大的意义。通过 Rhino 软件和 Cura 软件及 3D 打印设备的辅助应用将创意转化为真实可见的产品，而不是将设计创意停留在概念阶段。

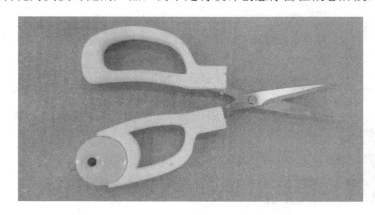

图 8-32 3D 打印实物装配好的效果

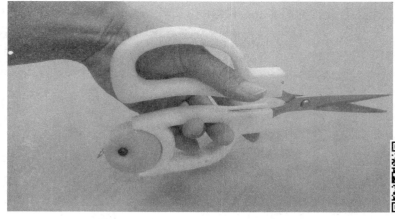

图 8-33 3D 打印模型使用效果(一)

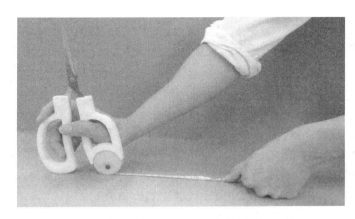

图 8-34　3D 打印模型使用效果(二)

参 考 文 献

[1] 李红玉，刘秋云. 模型制作：产品设计手板案例[M]. 北京：清华大学出版社，2015.

[2] 盛希希，黄生. 产品设计模型制作与应用[M]. 北京：北京大学出版社，2014.

[3] 周玲. 产品模型制作[M]. 2 版. 长沙：湖南大学出版社，2015.

[4] 桂元龙. 产品模型制作与材料[M]. 北京：中国轻工业出版社，2017.

[5] 任文营，刘志友，汤园园. 产品模型设计与制作[M]. 北京：清华大学出版社，2017.

[6] 戚凤国. 现代产品模型制作实训[M]. 合肥：合肥工业大学出版社，2016.

[7] 李明辉. 产品设计模型制作[M]. 北京：中国铁道出版社，2014.

[8] 曹祥哲，韩凤元. 模型制作实训[M]. 北京：中国建筑工业出版社，2014.

[9] 刘芸，朱炜. 产品模型制作课程的实践探索[J]. 大众文艺，2017(10)：258-259.

[10] 荆鹏飞. 基于设计项目管理特点的教学模式在"产品模型制作"课程中的应用[J]. 大众文艺，
      2017(06)：198-199.

[11] 杨熊炎. 创客教育下的"3D 设计与打印"课程应用实践[J]. 美与时代(上)，2016(09)：106-108.

[12] 李小云. 产品设计中手工模型制作探讨[J]. 戏剧之家，2015(22)：132-133.

[13] 杜妍洁. 产品设计专业材料工艺与模型制作课程教学研究[J]. 美术教育研究，2015(05)：149-151.

[14] 孙利超. 产品油泥模型设计与制作[J]. 现代装饰(理论)，2014(12)：10.

[15] 严虎. ABS 产品模型制作过程中的制作技术研究[J]. 现代装饰(理论)，2014(04)：217-218.

[16] 张宗登，张红颖，刘宗明. 产品油泥模型制作教学方法探讨[J]. 美与时代(上)，2014(03)：122-124.

[17] 李鹏. "分解与重构"教学模式在产品模型制作课程中的探索与实践[J]. 装饰，2013(07)：133-134.